O

第一推动丛书：生命系列
The Life Series

基因机器
Gene Machine

[英] 文奇·拉马克里希南 著　何其欣 译　苏晓东 审校
Venki Ramakrishnan

湖南科学技术出版社

THE
FIRST
MOVER

总序

《第一推动丛书》编委会

科学，特别是自然科学，最重要的目标之一，就是追寻科学本身的原动力，或曰追寻其第一推动。同时，科学的这种追求精神本身，又成为社会发展和人类进步的一种最基本的推动。

科学总是寻求发现和了解客观世界的新现象，研究和掌握新规律，总是在不懈地追求真理。科学是认真的、严谨的、实事求是的，同时，科学又是创造的。科学的最基本态度之一就是疑问，科学的最基本精神之一就是批判。

的确，科学活动，特别是自然科学活动，比起其他的人类活动来，其最基本特征就是不断进步。哪怕在其他方面倒退的时候，科学却总是进步着，即使是缓慢而艰难的进步。这表明，自然科学活动中包含着人类的最进步因素。

正是在这个意义上，科学堪称为人类进步的"第一推动"。

科学教育，特别是自然科学的教育，是提高人们素质的重要因素，是现代教育的一个核心。科学教育不仅使人获得生活和工作所需的知识和技能，更重要的是使人获得科学思想、科学精神、科学态度以及科学方法的熏陶和培养，使人获得非生物本能的智慧，获得非与生俱来的灵魂。可以这样说，没有科学的"教育"，只是培养信仰，而不是教育。没有受过科学教育的人，只能称为受过训练，而非受过教育。

正是在这个意义上，科学堪称为使人进化为现代人的"第一推动"。

近百年来，无数仁人志士意识到，强国富民再造中国离不开科学技术，他们为摆脱愚昧与无知做了艰苦卓绝的奋斗。中国的科学先贤们代代相传，不遗余力地为中国的进步献身于科学启蒙运动，以图完成国人的强国梦。然而可以说，这个目标远未达到。今日的中国需要新的科学启蒙，需要现代科学教育。只有全社会的人具备较高的科学素质，以科学的精神和思想、科学的态度和方法作为探讨和解决各类问题的共同基础和出发点，社会才能更好地向前发展和进步。因此，中国的进步离不开科学，是毋庸置疑的。

正是在这个意义上，似乎可以说，科学已被公认是中国进步所必不可少的推动。

然而，这并不意味着，科学的精神也同样地被公认和接受。虽然，科学已渗透到社会的各个领域和层面，科学的价值和地位也更高了，但是，毋庸讳言，在一定的范围内或某些特定时候，人们只是承认"科学是有用的"，只停留在对科学所带来的结果的接受和承认，而不是对科学的原动力 —— 科学的精神的接受和承认。此种现象的存在也是不能忽视的。

科学的精神之一，是它自身就是自身的"第一推动"。也就是说，科学活动在原则上不隶属于服务于神学，不隶属于服务于儒学，科学活动在原则上也不隶属于服务于任何哲学。科学是超越宗教差别的，超越民族差别的，超越党派差别的，超越文化和地域差别的，科学是普适的、独立的，它自身就是自身的主宰。

湖南科学技术出版社精选了一批关于科学思想和科学精神的世界名著，请有关学者译成中文出版，其目的就是为了传播科学精神和科学思想，特别是自然科学的精神和思想，从而起到倡导科学精神，推动科技发展，对全民进行新的科学启蒙和科学教育的作用，为中国的进步做一点推动。丛书定名为"第一推动"，当然并非说其中每一册都是第一推动，但是可以肯定，蕴含在每一册中的科学的内容、观点、思想和精神，都会使你或多或少地更接近第一推动，或多或少地发现自身如何成为自身的主宰。

再版序
一个坠落苹果的两面：
极端智慧与极致想象

龚曙光
2017年9月8日凌晨于抱朴庐

连我们自己也很惊讶，《第一推动丛书》已经出版了25年。

或许，因为全神贯注于每一本书的编辑和出版细节，反倒忽视了这套丛书的出版历程，忽视了自己头上的黑发渐染霜雪，忽视了团队编辑的老退新替，忽视好些早年的读者，已经成长为多个领域的栋梁。

对于一套丛书的出版而言，25年的确是一段不短的历程；对于科学研究的进程而言，四分之一个世纪更是一部跨越式的历史。古人"洞中方七日，世上已千秋"的时间感，用来形容人类科学探求的日新月异，倒也恰当和准确。回头看看我们逐年出版的这些科普著作，许多当年的假设已经被证实，也有一些结论被证伪；许多当年的理论已经被孵化，也有一些发明被淘汰……

无论这些著作阐释的学科和学说，属于以上所说的哪种状况，都本质地呈现了科学探索的旨趣与真相：科学永远是一个求真的过程，所谓的真理，都只是这一过程中的阶段性成果。论证被想象讪笑，结论被假设挑衅，人类以其最优越的物种秉赋 —— 智慧，让锐利无比的理性之刃，和绚烂无比的想象之花相克相生，相否相成。在形形色色的生活中，似乎没有哪一个领域如同科学探索一样，既是一次次伟大的理性历险，又是一次次极致的感性审美。科学家们穷其毕生所奉献的，不仅仅是我们无法发现的科学结论，还是我们无法展开的绚丽想象。在我们难以感知的极小与极大世界中，没有他们记历这些伟大历险和极致审美的科普著作，我们不但永远无法洞悉我们赖以生存世界的各种奥秘，无法领略我们难以抵达世界的各种美丽，更无法认知人类在找到真理和遭遇美景时的心路历程。在这个意义上，科普是人类极端智慧和极致审美的结晶,是物种独有的精神文本,是人类任何其他创造 —— 神学、哲学、文学和艺术无法替代的文明载体。

在神学家给出"我是谁"的结论后,整个人类,不仅仅是科学家,包括庸常生活中的我们,都企图突破宗教教义的铁窗,自由探求世界的本质。于是,时间、物质和本源,成了人类共同的终极探寻之地,成了人类突破慵懒、挣脱琐碎、拒绝因袭的历险之旅。这一旅程中,引领着我们艰难而快乐前行的,是那一代又一代最伟大的科学家。他们是极端的智者和极致的幻想家,是真理的先知和审美的天使。

我曾有幸采访《时间简史》的作者史蒂芬·霍金,他痛苦地斜躺在轮椅上,用特制的语音器和我交谈。聆听着由他按击出的极其单调的金属般的音符,我确信,那个只留下萎缩的躯干和游丝一般生命气息的智者就是先知,就是上帝遣派给人类的孤独使者。倘若不是亲眼所见,你根本无法相信,那些深奥到极致而又浅白到极致,简练到极致而又美丽到极致的天书,竟是他蜷缩在轮椅上,用唯一能够动弹的手指,一个语音一个语音按击出来的。如果不是为了引导人类,你想象不出他人生此行还能有其他的目的。

无怪《时间简史》如此畅销!自出版始,每年都在中文图书的畅销榜上。其实何止《时间简史》,霍金的其他著作,《第一推动丛书》所遴选的其他作者的著作,25年来都在热销。据此我们相信,这些著作不仅属于某一代人,甚至不仅属于20世纪。只要人类仍在为时间、物质乃至本源的命题所困扰,只要人类仍在为求真与审美的本能所驱动,丛书中的著作,便是永不过时的启蒙读本,永不熄灭的引领之光。

虽然著作中的某些假说会被否定，某些理论会被超越，但科学家们探求真理的精神，思考宇宙的智慧，感悟时空的审美，必将与日月同辉，成为人类进化中永不腐朽的历史界碑。

因而在 25 年这一时间节点上，我们合集再版这套丛书，便不只是为了纪念出版行为本身，更多的则是为了彰显这些著作的不朽，为了向新的时代和新的读者告白：21 世纪不仅需要科学的功利，而且需要科学的审美。

当然，我们深知，并非所有的发现都为人类带来福祉，并非所有的创造都为世界带来安宁。在科学仍在为政治集团和经济集团所利用，甚至垄断的时代，初衷与结果悖反、无辜与有罪并存的科学公案屡见不鲜。对于科学可能带来的负能量，只能由了解科技的公民用群体的意愿抑制和抵消：选择推进人类进化的科学方向，选择造福人类生存的科学发现，是每个现代公民对自己，也是对物种应当肩负的一份责任、应该表达的一种诉求！在这一理解上，我们将科普阅读不仅视为一种个人爱好，而且视为一种公共使命！

牛顿站在苹果树下，在苹果坠落的那一刹那，他的顿悟一定不只包含了对于地心引力的推断，而且包含了对于苹果与地球、地球与行星、行星与未知宇宙奇妙关系的想象。我相信，那不仅仅是一次枯燥之极的理性推演，而且是一次瑰丽之极的感性审美……

如果说，求真与审美，是这套丛书难以评估的价值，那么，极端的智慧与极致的想象，则是这套丛书无法穷尽的魅力！

中文版序　　　　　　　文奇·拉马克里希南
　　　　　　　　　　　　　2021 年 11 月

　　这本书是我关于核糖体结构解析竞赛的个人回顾。核糖体是生命最古老、最核心的分子之一，它存在于每一种生命的每一个细胞中，核糖体可读出我们的基因密码并制造出相应基因编码的蛋白质以实现成千上万种生物学功能。

　　本书在很大程度上是我的个人陈述，它展示了科学实际上是如何进行的。它描述了科学中的努力奋斗、竞争甚至敌对，也展示了科学中的合作及同事关系。故事讲述了一个像我这样出生于亚洲、19岁才去美国的局外人如何能够从不太知名的大学起步，然后与业内的一些著名实验室竞争，并最终为推进科学做出自己的贡献。为此，我不得不多次搬家，并最终从美国搬到了英国的剑桥。因此，本书也关系到科学的国际性，以及一个科学家应该如何保持开放心态，尽量到能够为你提供最好工作条件的地方去。最后，科学国际化还有另外一个方面 —— 来自世界各地的人们为我们理解核糖体做出了贡献，科学为我们提供了一种不同国家和民族之间沟通文化的途径。

　　中国与印度相似，有着悠久且独特的历史。但近300年以来，西方世界主宰着科学的进步，部分原因是由于自欧洲启蒙运动时期

（Enlightenment period，18世纪）以来开创的开放及探索精神。然而，近年来中国在科学与技术方面投入巨大并且取得了长足的进步。从我每次来中国的访问中，我都能感受到中国科学的巨大进步，中国如今已经成为一个主要的科学强国。

因此，我很高兴湖南科学技术出版社决定出版我这本书的中文版，我感谢译者何其欣，她耐心地处理了书中科学和人文故事的复杂性，使中文版能够忠实反映原著。我也感谢北京大学的苏晓东教授，他是一位结构和分子生物学家，对这本书的中文版进行了认真的校对。我希望中国的读者们，无论年龄及职业都能喜欢这本书中的科学和人文故事。

前言

珍妮弗·杜德娜
（Jennifer Doudna）

　　这是一段私人故事，作者从学生、教授以及狂热的实验科学家的亲身经历讲述了他探求细胞合成蛋白质机理的故事，合成蛋白质是细胞最古老也是最基础的活动。从这段生动的叙述中，我们看到了作者对于探索的热情，实验不符合预期时的困扰，以及与科研成功道路相伴的个人和专业上的挣扎。

　　作者的视角有好几个特别之处。作为一位美国和之后到英国的新移民、半路转道生物领域的物理学家，他的这个故事讲述了一个圈外人力图成为新的科学界和社会一员的那种切身感受。这种渴望也许成就了他所描述的科研之道：渴求归属感的同时，他仍然愿意保持自己的独立特行，并且开始了一段"路漫漫其修远兮"的发现之旅。当然还有科学发现本身：他发现了能读出遗传密码并将其中的核酸序列翻译成氨基酸链的编译器的结构，这种结构给人启发，而氨基酸链则组成了地球上所有生命必需的蛋白质。书中阐明了由大、小亚基组成的核糖体的方方面面，其中包括作者自己的下列工作：揭示了核糖体小亚基解码的分子机制，以及多种抗生素药物阻断细菌核糖体的功能从而消除微生物感染的途径。确定核糖体小亚基的整个过程，从开始时确定其各个成分到后来的纯化、结晶完整核糖体小亚基的绝技，讲述了一个既靠天赋也靠运气并最后取得成功的精彩故事。

　　作者的故事也包含了专业上的两难境地，探索中的意外发现以及科研中所展现的人性，即个人性格的主导作用。任何科研的突破性成果离不开多位研究者的贡献，科学家也免不了时常接受探索中的挑战，同获得新知的曲折道路上的种种挫折战斗。新的想法到底从何而来，是完全属于某个人的还是与他人讨论之后的萌芽，有时候答案并不是那么明朗。同事之间的竞争无可避免，有时候即使新发现近在眼前，也得先处理这样的竞争关系。2009年的诺贝尔化学奖颁发给了艾达·尤纳斯（Ada Yonath）以奖励她对于核糖体结晶的早期贡献，以及之后文奇·拉马克里希南（Venki Ramakrishnan）和汤姆·斯泰兹（Tom Steitz）对于解析核糖体亚基结构的贡献。然而书中也提到了，由于诺贝尔奖3个获奖人的限制，其他做出重要贡献的科学家没有获得颁奖承认，尽管他们的见解影响卓著。在这一点上，本书对此提供了饶有趣味的个人经历和观点，读者们从传记角度可管中窥豹，但不可将其当作客观的历史论述。对于理科生或者正在学习科研方法的学生们，本书探讨了探索过程中的新鲜角度，以及发现新知的艰苦道路。总而言之，这本书是对科技文献领域的杰出贡献，它的价值在于它不仅是对事实的陈述，也深度剖析了科学家求索道路上感性的一面。

序幕

现在想来，她的到访竟然影响甚微，有点让人惊讶。那是 1980 年秋，阴郁的一天。耶鲁大学公告牌上张贴了一个小广告，讲座宣传的标题有点含糊不清。尽管在讲座快开始才到达，我毫不费力就找到了一个座位，因为只有为数不多的专家前来。

她信心满满地大步走上讲台，毫不露怯。在主持人的简短介绍之后，她开始讲述她的柏林团队正在着力取得一个大分子巨大复合物的晶体，这些分子参与把基因翻译成蛋白质。在那个时候，取得蛋白质结晶是解析其结构的关键步骤。

她的报告结束之后，没有几个人提问，因为我们不知道怎样看待这项工作。这简直太神奇了：竟然有人能够耐心地设法使这样一种庞大而又松散的分子形成规则的三维晶体。走下报告厅回实验室的路上，一个同事打趣另一个说，"怎么你连这分子的一小部分都结晶不了，而她能获得整个晶体？"然而她的晶体还没有好到可以得到晶体结构，而且那个时候，甚至都没有人知道如何解析这么大的晶体结构。最终，我们觉得这个研究很有趣，但是我们中没人觉得这有多么了不起，以至于应该放弃我们现在的科研题目。

　　那时候我不知道，这位科学家艾达·尤纳斯在我今后30年职业生涯里的重要地位。我不知道我会与她和其他人激烈竞赛，研究这个作为生命核心的分子。我也不知道，未来的某个十二月，我会在斯德哥尔摩的诺贝尔奖晚宴上坐在她和瑞典女王储中间。

目　录

第1章
初来美国，计划赶不上变化

　　刚离开印度的时候，我一心想要成为理论物理学家。当时我19岁，刚从巴罗达大学（Baroda University）毕业。当时的常规路线是留下来在印度拿到硕士学位然后出国申请博士，但是我想马上去美国，越快越好。对我而言，美国不仅遍布机会，而且还盛产像理查德·费曼（Richard Feynman）这样的理性英雄，他著名的《物理学讲义》早已纳入我的本科课程中。另外，我的父母当时也在美国，我的父亲在伊利诺伊大学香槟分校做短期学术休假。

　　去美国是我最后一刻的决定，所以事先也没有考美国研究生院要求的GRE（留学研究生入学考试）考试，因而大部分学校根本不会考虑我的申请。伊利诺伊大学的物理系一开始决定接收我，但是当研究生院发现我只有19岁的时候，他们说我最多能以拥有两年学分的本科生身份入学。印度的中产阶级家庭当时是不可能负担在美的学费和生活费用的。与此同时，巴罗达大学院长给我看了一封俄亥俄大学的信，信上希望院长能让申请研究生的学生了解他们系的项目。我从没听说过俄亥俄大学，但是申请项目上说这个系有一台IBM system/360电脑以及一台范德格拉夫加速器，这个系的教授们都是从最好的大学毕业的。这样的条件对我而言足够好了。他们取消了常规的GRE考试要求，而且给了我奖学金赞助。战战兢兢地在孟买的美国领事馆面试之后，我顺利拿到了学生签证，买了去往希望之地的机票。

一考完期末考试，我就逃离了印度的高温热浪，飞往美国。我感冒发烧，而这航程简直没完没了，中转贝鲁特、日内瓦、巴黎、伦敦，最后才到了纽约。之后我上了去往芝加哥的飞机，又搭了短途飞机才终于抵达香槟－厄巴纳。1971年5月17日的晚上，当我走出机舱踏在停机坪上的时候，我感受到了平生从未经历过的刺骨之冷。

融入美国的大学生活一下子给我很强的文化冲击。印度的大学生活特别平淡，学生们穿着保守、埋头学习，大部分学生都像我一样还跟父母生活在一起。约会，特别是婚前性行为都极其罕见。刚来的时候，我就是个剃着平头、戴着塑料粗黑框眼镜、穿着大两号橙色仿麂皮鞋的书呆子，而1971年的美国仍是60年代的延续。美国学生看起来像是完全不同的物种：男生穿着破洞牛仔裤，留着比女生还长的头发，而女生们则身着热裤、吊带衫，跟我熟知的印度女人相比简直像没穿衣服。当时全美国的大学校园充斥着反对越战的抗议活动。一个下午，出于好奇心和同情心，我参加了一次和平运动。我在人群中显得那么格格不入，随后我发现了两个站在后面的年纪略长的男人，他们跟我一样也剃着短发，穿着便宜的涤纶裤和涤纶衬衫。我走了过去，亲切地搭讪，而他们的回应生硬得令人怀疑。直到后来我才知道他们是FBI探员，是来盯梢反战的闹事分子的。

整个夏天我都在伊利诺伊大学上课，补一些之前在巴罗达没学过的内容。夏天末，我和父母还有妹妹一起开车来到了雅典（Athens），这座大学城风景优美，山峦起伏，位于俄亥俄州的南部，之后几年这里就是我的家了。首要的问题是先得找到一个住处。靠着助教的收入来源过活，而我又吃素，所以我想最好能租一个小的公寓，这样我可以自己做饭。我们寻遍报纸上的租赁广告也没找到合适的。其中一次，一个女房主说有一间公寓有空，但当我们过了几分钟去看的时候，她说这间屋子"刚刚被租出去了"。那是我在美国第一次遭遇种族歧视。因为那个周末没找到公寓，我就只能签了学生宿舍，第一年就是靠着吃自助餐厅里的芝士三明治过活的。

虽然在学生宿舍吃饭不方便，但是它的好处是让我迅速交到了一大群朋友，从而避免了一个人的孤独感或者像很多外国学生一样聚成小团体。我的舍友们帮助我迅速地融入了美国大学生活。第一个周六，我们一起去看了橄榄球比赛，啦啦队、乐队和吵闹的广播声交织而成的盛况好像淹没了比赛本身。

住在宿舍还有一个好处，就是离物理系很近，有几个同届的博士生住在邻近的宿舍，方便我们组织学习小组，一起适应研究生生活。物理博士生通常花费一到两年的时间上专业课，通过综合考试之后才开始学术研究。尽管我完成了专业课，综合考试的笔试部分也没有遇到太多问题，但是口试部分让我第一次隐隐感觉我好像没有那么想成为物理学家。当我被问到我最近读过哪些物理学的新奇发现的时候，我一个也答不上来，最后在逼问之下我才说出了一个我认为有趣的领域。教授们还是让我通过了考试，我决定师从著名的凝聚态理论物理学家田中寅泰（Tomoyasu Tanaka）。那个时候，我已经被一些生物问题撩拨了心弦，所以在博士论文提案中我也放进了那些问题。但无论是寅泰还是我都对生物学一无所知，这些提案就成了空中楼阁，很快被我抛在脑后。

图1.1　在俄亥俄大学读物理学博士时期的作者

当我开始进行论文研究的时候，我意识到我都提不出重要的研究问题，更不用说如何解决它们了。更糟的是，我觉得我的研究工作很无趣。我以社交活动作为逃避，参加学校的国际象棋队，跟我的朋友苏蒂尔·凯克（Sudhir Kaicker）一起去爬山，跟另一个朋友托尼·格里马尔蒂（Tony Grimaldi）学习西方古典乐，什么都做，就是自己的研究工作毫无进展。寅泰是个典型的非常礼貌的日本人。他时不时到我的办公室来，小心翼翼地问我工作进展，我就迂回地表示没什么进展。这样的状态持续了好几年。我经常说如果我有这样的研究生，我早就把他们开除了！

命运在我遇到薇拉·罗森伯里（Vera Rosenberry）的时候出现了转机。她刚分居，带着4岁的女儿。我们共同的朋友觉得我俩应该见见面，也许是因为我俩都吃素，这在20世纪70年代的俄亥俄州还是罕事。我并不知道我们的第一次见面是被朋友安排的，当时我俩都参加了一个感恩节大聚会。我朋友见我毫无反应，决定再推我一把，于是请我去了一个除我们之外只有另外一对情侣的晚餐聚会。薇拉的聪明和古典美十分动人，但当时我想我根本配不上她，而她也不会对我有兴趣。于是我给她介绍我的另一个朋友，请他一起来和薇拉还有她的女儿谭雅（Tanya）吃饭。我拉着谭雅一起玩，制造机会让我的朋友和薇拉单独聊天。我的朋友后来跟我说，她感兴趣的是我而不是他，更重要的是，她看你跟她女儿相处得这么好对你更有兴趣了。我的迟钝让这段关系的开始有点笨拙，但是我们进展神速，在她正式离婚之后不到一年时间我们就火速结婚了。在23岁的时候，我成了已婚、有着5岁继女的父亲。

婚姻让我端正自己的心思在自己的事业上。薇拉还想要一个孩子，而我面对需要养家的责任却不知道自己下一步该干什么。毫无疑问，如果我继续留在物理学界，下半辈子我会在枯燥的计算中做点小发现，而不会给学科带来什么实质上的进展。另一方面，生物学正在经历物理学20世纪初期那种翻天覆地的变化。由解析脱氧核糖核酸

（DNA）结构开始的分子生物学革命性的发展势头十分坚挺。对于困惑了我们几个世纪的决定生物学过程的分子基础，那时候我们刚刚开始有了深入的了解。几乎每一期的《科学美国人》杂志都会报道生物学领域的新突破，看上去好像是我这样的凡人也能做出的成就。但我的问题是我只知道最基础的生物学知识，完全不了解生物研究是如何开展的。所以在我完成物理学博士学位之前，我就做出了一个艰难的决定，从零开始，再读一个生物学的博士，因为我心中的杰出科学家，马克斯·佩鲁茨（Max Perutz）、弗朗西·克里克（Francis Crick）、马克斯·戴尔布鲁克（Max Delbrück）也选择了相同的转行道路。

我给好几个一流大学写了申请，但是很多学校不愿意招收已经有一个博士学位的人再读研究生院。两封回复信让我印象深刻。第一封来自耶鲁大学的富兰克林·哈钦逊（Franklin Hutchinson）教授，他非常友好地回复说，他们不能招我做博士生，但是他会把我的简历发给其他教授们，看看有没有人有兴趣雇我做博士后。两名教授愿意招我：唐·恩格尔曼（Don Engelman）以及现在想来显得有点滑稽的汤姆·斯泰兹。我回信感谢了他们，并且说我没有足够的生物学背景，做不了博士后，我想先接受一些正规训练。与哈钦逊回信相对的另一个极端来自加州理工的詹姆斯·博纳（James Bonner）。在我的申请中，我写道我只有23岁，再上一个博士也足够年轻。博纳对于我鼓吹自己的年龄嗤之以鼻，他强调他自己拿到博士学位的时候也只有23岁，在他们家看来已经算很晚的了。他还说我提到的那些研究领域，类似异构体、膜蛋白、神经生物学，毫无新意，因为这些都是当时生物学最热门的领域。如果我想在那里工作的话，他写道，我必须先展示出我在这些领域很有竞争力，而加州理工是绝对不会招收我做学生的。

我怀疑他从未读过《第二十二条军规》[1]。幸运的是加州大学圣迭戈分校的丹·林兹利（Dan Lindsley）愿意收我做生物系的博士生，并且提供奖学金。更幸运的是，薇拉和谭雅非常愿意搬去加州，也不在乎一个博士生的微薄津贴以及刚诞生的婴儿——更要命的是连车都没有。

当时我东拼西凑写了篇勉强能交差的博士论文。我的儿子拉曼（Raman）在我博士答辩前的一个月降生了。几个星期后，我和一个朋友开了一辆装满行李的莱德卡车从俄亥俄开往加州。薇拉、我们的孩子和岳母一周以后坐了飞机赶来。1976年的秋天，入住妥帖之后，我迫不及待地开始了学业。

生物学给我的第一个冲击就是你需要记住那么多的事实。研究生的导论课程全是一堆我听不懂的行业术语。为了跟上进度，我选了很多本科生的遗传学、生物化学和细胞生物学课程。另外，第一年的研究生还需要做实验室轮转学习，所有美国研究生在决定选择一个实验室做博士论文之前都会先进行为期6个星期的短项目。我对实验室的工作一窍不通，因为之前的物理学研究完全是理论工作。这一点我在米尔顿·赛尔（Milton Saier）的实验室做短期实习时体现得淋漓尽致。这个实验室研究细菌对于糖分的摄取。其中一个实验需要在细菌培养基里于初始时间加入一定量的放射性葡萄糖，在之后的不同时间测量有多少葡萄糖进入了细菌体内。要加入的葡萄糖量比我之前称量过的任何体积都要小得多——大概只需要20微升（比一茶匙的百分之一还少）。如何测量这么小的体积？我问道。培训我的技术员很开心地

---

1. 译者按：《第二十二条军规》是美国作家约瑟夫·海勒（Joseph Heller）的代表作，其中提到一个逻辑悖论：即一个人因为互相矛盾的规则而无法逃离死循环。

给我展示一种叫作移液器（Pipetman）的工具。它就是一根管子，上面的活塞可以调节高度，以精确抽取液体。她展示了如何调节刻度盘定量，如何提取正确的液体量，最后要多按一下上面的按钮保证所有的液体都已打出。就是这么用，她说。我拿起移液器就戳到了放射性葡萄糖溶液里面，她惊呼，"天啊，你在干什么啊？要用吸头！"移液器太常用了，她忘了告诉我移液器头上要装上一次性的塑料吸头以防止接触样品导致的污染。

　　带着一个小孩和一个婴儿生活并不利于学习一个新领域。不过，特别幸运的是薇拉可以在家工作，她当时开始投身儿童插画师的工作。她负担了几乎所有的育儿和家事，让我可以专心学业。第一年结束后，我很乐观地认为我掌握了足够的生物学背景，也有了较全面的实验室经历。第二年的时候，我开始跟着毛利西欧·蒙塔尔（Mauricio Montal）工作，当时他正在研究膜蛋白，这种蛋白使离子得以通过包裹一切细胞的薄脂质层。当时我并不知道我不会在他的实验室待很久，偶然的机会，我将会再次搬迁，横穿美国，开始研究生命体中最古老也是最核心的分子。

第 2 章
跌跌撞撞，入门核糖体

提到DNA，几乎每个人都会点头表示了解。我们都知道——至少以为我们知道——DNA代表什么：它从根本上决定了我们是谁以及我们传承给孩子们的遗传物质。DNA甚至成了形容一切事物本质的常用比喻，比如提到一家公司的时候我们也会这么说，"这没有写在他们的DNA里面"。

但提到核糖体这个名词，普通人，甚至大多数科学家，都会是一脸茫然的表情。几年前，在BBC广播节目《物质世界》上昆汀·库珀（Quentin Cooper）告诉我，前一周的嘉宾知道这整集策划将围绕核糖体这一个分子的时候非常愤怒，因为他的眼睛主题只给了半集内容。当然他不知道的是，不仅眼睛的多数部分是由核糖体制造的，而且几乎所有生命的每一个细胞里的每一个分子要么是核糖体制造的，要么是由核糖体生成的酶制造的。事实上，当你读完这一页的时候，身体中数以兆计的细胞里的核糖体已经生产出数千个蛋白质分子。几百万种生命形式没有眼睛也活得好好的，但是它们每一个都离不开核糖体。发现核糖体以及它在蛋白质合成过程中的作用是现代生物学几个伟大成就中的一个巅峰。

像大多数物理学家一样，当我刚到加州开始学习生物学的时候，我完全不知道什么是核糖体，对于基因的概念也是一团迷雾。我知道基因携带我们从祖先那里遗传来的生物性状，然后传递给我们的子孙后代。它们是一种信息单位，得以让单细胞例如一个受精卵发育成完整的生物体。尽管所有的细胞都包含了一套完整的基因，不同的基因会在不同的组织里开启或者关闭，使得一个毛发或皮肤细胞跟一个肝脏或者大脑细胞完全不一样。但是究竟什么是基因呢？

笼统地说，基因是一段DNA，它包含了怎样生成一个蛋白质以及什么时候生成。蛋白质在生命中执行几千种不同的功能，比如肌肉的运动，感受光亮、碰触、热度，帮助我们抵御疾病，从肺部携氧输送到肌肉，等等，甚至连思考和记忆也离不开蛋白质。催化化学反应的蛋白质叫作酶，它们帮助制造细胞内的数千种分子。总的来说，蛋白质不仅赋予细胞形态和结构，也赋予其功能。

1953年，詹姆斯·沃森（James Watson）和弗朗西斯·克里克发表的DNA双螺旋结构的经典论文开启了一个黄金十年，其巅峰成就就是理解一段DNA的信息是如何被利用进而产生蛋白质的。通常而言，一个分子的结构并不能马上解释它是如何工作的。DNA的情况迥异，它的结构不仅揭示了其携带信息的方式，也表明了它自我复制的机制。细胞在复制分裂过程中信息是如何拷贝的，及生物在繁殖时子代是如何遗传父辈信息的，这些问题曾经很长一段时间都是谜。

每个DNA分子有两条走向相反的链相互缠绕形成双螺旋结构。每条链的骨架是由间隔的糖和磷酸盐基团组成，每个糖连着一个碱基，碱基面向螺旋内侧，有4种可选的形式，A，T，C，G。沃森在摆弄碱基形状的纸板时灵光一现，他意识到在一条链上的A碱基能且仅能同另一条链上的T形成化学键，而不是其他碱基，同样的，一条链上的G可以同另一条链上的C配对。配对形成之后，无论是AT或者CG的形状相差无几，这就表明无论这些碱基对出现的顺序如何，双螺旋的整体形状和大小都几乎相同。这种碱基对的形成方式意味着一条链上的碱基顺序能够精确地指定另一条链上的碱基顺序。细胞分裂的时候，两条链会分离，每一条链可以成为另一条链的信息模版，从而产生两个一模一样的DNA分子拷贝。基因正是用这种方式进行自我复制。多少世纪过去了，我们终于在分子层面理解了可遗传的形状是如何在代际传递的。

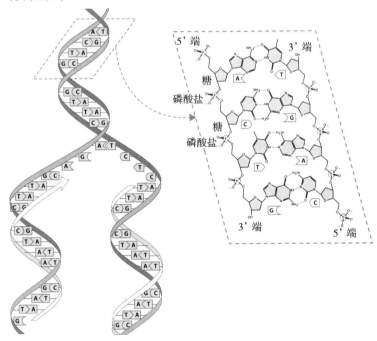

图2.1　DNA结构

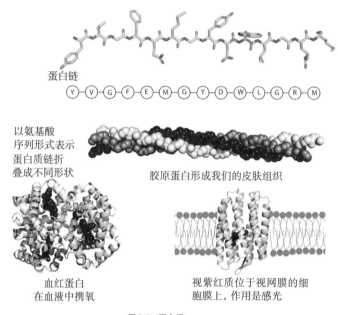

蛋白链
Y V G F E M G Y D W L G R M

以氨基酸
序列形式表示
蛋白质链折
叠成不同形状

胶原蛋白形成我们的皮肤组织

血红蛋白
在血液中携氧

视紫红质位于视网膜的细
胞膜上，作用是感光

图2.2　蛋白质

　　DNA的结构告诉了我们基因是如何自我复制并且进行信息传递
的，但是它不能说明基因中的信息如何指导合成蛋白质。原因在于，
DNA每条长长的单链是由4种碱基作为基本单元构建而成，而蛋白质
则是由（20种）不同氨基酸形成的，化学链接完全不同。蛋白质庞杂
的多样性来源于20种化学性质迥异的氨基酸的不同组合。每个蛋白
质链的长度和氨基酸的组合顺序都是独一无二的，更神奇的是它的信
息还包含了如何折叠成唯一的结构并且执行其特殊功能。克里克意识
到DNA的碱基排列顺序决定了蛋白质中氨基酸的排列顺序，问题是
到底如何编码的？

　　十年来，很多人试图攻克这个难题。一段带有基因信息的DNA会

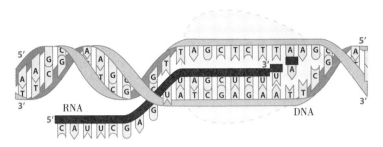

图2.3 转录：DNA中的一段基因信息被复制到信使RNA上

被复制到相关的分子上，即信使核糖核酸（或者mRNA），信使得名的缘由是因为这个分子会把基因信息带到它被需要的地方。RNA是核糖核酸的缩写，与DNA（脱氧核糖核酸）的区别在于它分子的糖环上多了一个氧原子。RNA也有4种碱基，但是DNA中胸腺嘧啶（T）在RNA中替换成了一个相似的碱基，叫作尿嘧啶（U），和T相似，U也与A配对。

那怎样从4种碱基变出20种氨基酸呢？这就好像阅读用外国字母写的说明书一样。原来，碱基是3个一组读取的，每一组叫作一个密码子。克里克预见，真正的读取方法通过另一个RNA分子，叫作转运RNA（tRNA）。tRNA在一端连接一个特定的氨基酸，而另一端有3个碱基一组的反密码子。反密码子和密码子形成碱基配对，就和DNA的双链结合方式相同。下一个密码子对应一个不同的转运RNA，并带来它衔接的氨基酸，如此往复。

接下来细胞生物学家惊人地发现，这个过程的发生还另有帮手，读取信使RNA和合成蛋白质发生在细胞中的一种特定颗粒上。以常

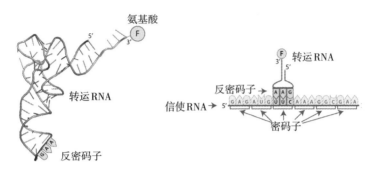

图2.4 转运RNA：一种衔接体分子，携带氨基酸并读取信使RNA上的编码

规的度量来看，这种颗粒很小，可以轻松地在一根头发丝的宽度上排列4 000个；从数量上看，从细菌到人类的每个细胞里都有数以千万计这样的颗粒。但在分子层面上来看，它们十分巨大：每一个都由50个蛋白质和三大片它们专属的RNA组成（这是继信使RNA和转运RNA之外的第三种RNA类型）。最初，科学家们称这些颗粒为微粒体流分中的核糖核蛋白颗粒（ribonucleoprotein particles of the microsomal fraction）。这个名字非常拗口，因此在20世纪50年代后期的一次会议中，霍华德·丁齐斯（Howard Dintzis）提议更名为核糖体（ribosome），自此沿用至今。丁齐斯也是首位发现蛋白质链合成方向的科学家。有点窘迫的是，从业30年我都不认识丁齐斯，也不知道他的工作。直到

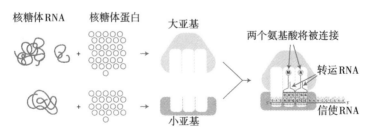

图2.5 核糖体的组成

2009年我应邀在约翰斯·霍普金斯大学以他名字命名的讲座做报告时，才第一次见到他，而他至今仍为自己所起的核糖体这个名字感到骄傲。

整个核糖体有50万个原子，它是连接基因及其编码的蛋白质之间的桥梁，出现在生命的十字路口。尽管大家都知道它的重要性，但当时对于它的具体模样，除了水滴状的两个部分之外，人们一无所知。这是个严峻的问题。我们知道核糖体结合信使RNA，将转移RNA带来的特定氨基酸缝合成一个蛋白质，但是不清楚它的具体结构，我们怎么可能知道它是如何工作的呢？

想象一下，你是一个火星人，从火星上看地球，你发现有微小的物体沿着直线移动，偶尔往右转。如果你能凑得近一些，你会看到这些物体只有在其他更小的物体进入的时候才会动，小物体离开后它们会停止移动。用一些探测器，你可以知道它们消耗碳氢化合物和氧气，释放二氧化碳和水，伴随着污染物和热量。但是你完全不知道这些物体是什么，它们是怎样工作的。只有在了解这个物体的具体构造之后，你才能看清它的几百个部件是如何共同工作的，原来它由引擎连接着曲轴，从而推动车轮运转。你必须知道更多细节才能了解引擎中的气缸有活塞，火花塞点燃注入的燃料和空气的混合物，推动活塞往前。

这个过程同样适用于研究分子。DNA结构细节的发现让我们对于它如何储存、传递、复制基因信息有了颠覆性的认识。但是核糖体不像DNA分子一般简单，它太大、太复杂了，要认识它的结构显得艰巨而棘手。

许多在解构DNA信息编码中贡献卓著的重要科学家，如克里克，直接放弃了核糖体而转向其他研究领域。克里克的一位杰出科学家同事，信使RNA的发现者之一悉尼·布莱纳（Sydney Brenner）在20世纪60年代提到核糖体的结构是个琐细的小问题，剑桥不需要做，因为这种工作美国人肯定会完成的。这让我想起参议员乔治·艾肯（George Aiken）聊起棘手的越南战争时的态度，"美国应该宣布战胜，然后立即撤回"。沃森是少数仍然坚持核糖体研究的早期分子生物学家，他和一位来自日内瓦大学的访问学者、生物化学家阿尔弗雷德·提西尔（Alfred Tissières）合作研究这个课题。40年后，在2001年冷泉港的一次会议中，沃森回忆往昔时说道，当时意识到核糖体复杂性之后，他就知道我们永远无法了解它的结构。

图2.6 阿尔弗雷德·提西尔和詹姆斯·沃森，两位核糖体研究的先驱（由冷泉港实验室提供）

我刚在毛里西奥·蒙塔尔的实验室安顿下来的时候，核糖体根本还不在我的脑子里。仅仅几个月之后，我在《科学美国人》杂志上读到的一篇关于核糖体的文章改变了我的人生。文中描述了利用中子散射技术确定核糖体不同蛋白质的位置，物理学家都知道这种技术，但之前很少用于生物学研究。文章的两位作者分别是唐·恩格尔曼和彼得·摩尔（Peter Moore），我想起来之前我想从物理转生物领域的时候，唐是少数几个愿意招我做博士后的导师之一。我思忖当时我还没有任何生物背景的时候他就愿意招我，如今我学习了生物学，并且有了一年实验室的经验，那他对我应该更感兴趣了。而且我意识到我的生物学知识做研究已经够用，完全没必要再拿一个生物学的博士学位。

于是我写信给唐，提到了之前的通信记录，并表明自己已为博士后做了充足的准备。我知道唐的主要研究兴趣是细胞膜和膜蛋白，跟毛里西奥实验室一样，我告诉他在他的实验室我也会做这方面的研究。他回信说他现在没有博士后的位子，但是他的合作者彼得·摩尔有，如果我去他的实验室做核糖体研究的话，我可以在空余的时间做一些细胞膜研究。那时候，我知道核糖体的绝对重要性，所以我答应了这样的安排。事实证明，根本不会有这种"空余的时间"。

彼得很快写信说他去圣地亚哥参加会议期间可以跟我见面。我去市中心见他的时候，他身着典型私校学生的衣服，外面套着棕色灯芯绒夹克，厚厚的眼镜片，待人接物的方式，处处透着常春藤联盟学者的典型气质。事实也是如此。他的人生很早就行在快车道上，我不清楚他是否能体会不是总在精英学府的人生是什么样子。他的父亲是哈佛大学移植手术的先驱，彼得自己从小上私立学校，耶鲁本科，哈佛博士，在博士期间他师从沃森研究核糖体，之后他师从阿尔弗雷德·提西尔。提西尔在日内瓦大学工作，是沃森的朋友也是合作者，当时已经是核糖体领域的领头羊。在那儿彼得开始了他的核糖体组成蛋白的提纯工作。

当彼得意识到理解核糖体的关键是解析它的结构，而他还没有能力做结构分析的时候，他选择离开日内瓦，前往英国剑桥的医学研究委员会（MRC）分子生物学实验室。沃森和克里克曾在这个MRC部门展开DNA的工作，所以那时那里已经是研究各种生物分子结构的朝圣之地。美国人直接称呼这个实验室为MRC，仿佛这是英国医学研究委员会（MRC）支持的所有实验室里唯一值得一提的。英国人叫它MRC-LMB，或者简称为现今常用的简称，LMB。他在LMB短暂停留之后，回到他的母校耶鲁，获得一个教职，之后一直常居于此。他的冷面幽默有着丰富的知识储备，从科学到历史，常引经据典。平时有点害羞矜持，然而一谈起科学，他就打破沉默滔滔不绝。上起课来，表达清晰，充满幽默感，然而当有人提出草率论据时，每一届的耶鲁学生和科学家都感受过他的愤怒。

在圣地亚哥会议我们初次见面的时候，他独自一人站在拥挤的人群中等着我。短暂打招呼后，我们聊了聊我的研究背景和他的项目。我完全不确定这次非正式会面效果如何，但是很快他回信邀请我去耶鲁拜访。那次访问非常愉快，尽管我学术上还是很稚嫩，彼得还是正式地给了我一个职位，我立即接受了。剩下的学年，我完成了毛里西奥实验室的工作。最终，夏天快结束的时候，我在途中接上俄亥俄的家人，搬去了纽黑文[1]。

1.译者：纽黑文是耶鲁大学的所在地。

1978年秋天，我有些不安地来到彼得的实验室。要在耶鲁大学进行博士后研究的挑战令我早先的信心消失殆尽，因为尽管我在生物研究生院待了两年，实际的生物研究经验非常有限。到达几天之后，彼得和我在新哥特式的斯特林（Sterling）化学实验室的长廊中相对而行，当我们靠近时，他突然移开了视线。我担心他已经后悔雇用我，但他的长期技术员贝蒂·雷尼（Betty Renie）笑着告诉我，这只是他的习惯。事实上，他对我很好，一年后，他对我的能力已经信任，放心我独立工作一年，而他去牛津做了一年学术休假。

当我开始为彼得工作时，关于核糖体的基本概念已经建立起来。所有核糖体都有两个部分，被称为大、小亚基。小亚基同包含遗传信息的mRNA结合，而大亚基将tRNA引入的氨基酸缝合在一起制造蛋白质。tRNA共有3个插槽，其中一个安置新的氨基酸，一个可以握住不断延长的蛋白质链，而另一个则像是tRNA从核糖体中射出之前的中转站。在此过程中，tRNA从核糖体的一个插槽移到另一个插槽，随着移动，它们实际上拖动mRNA一起移动，使得核糖体跟着mRNA一起移动，帮助tRNA读取一个个密码子制造蛋白质。其中的每个步骤都需要其他蛋白质结合的帮助然后离开核糖体，每一步都消耗能量。正因为核糖体在此极其复杂的过程中消耗能量并移动，核糖体又被称为分子机器或纳米机器。

核糖体是理解基因和它们编码的蛋白质所形成的十字路口上的基石，除此之外，人们对核糖体的兴趣还有一个更为实际的原因。多年来，人们意识到许多抗生素的工作原理是在翻译过程的不同阶段对核糖体进行阻断。人类的核糖体与细菌大相径庭，因此一些抗生素能优先结合细菌核糖体，可用于治疗传染性疾病。随着细菌对抗生素的耐受力的逐渐升高，确切知道抗生素如何结合核糖体可以帮助我们设计出更新更好的抗生素。

这些基本概念已经纳入教科书，所以当我告诉别人我正在研究核糖体的时候，经常有人问我，"那不是已经做完了吗？"有时会伴随着怜悯的表情，好像我是一个可怜的家伙，只是在做一些细枝末节的无聊研究。事实是尽管我们大体知道核糖体的功能，但我们根本不知道这个蛋白质合成的复杂过程中的任何一步究竟是怎样实现的。这就好像我们知道一辆汽车有4个轮子、窗户和一个操纵方向盘的驾驶员，除此之外对于它实际如何运行一无所知。

图2.7　1980年左右的彼得·摩尔，当时作者在他耶鲁的实验室工作（彼得·摩尔提供）

　　像许多其他领域一样，科学也有追逐潮流之趋，在不同的时间段，某些领域，通常是那些有快速新发现的新领域，被认为比其他领域更有趣。一旦进展变得困难的时候，许多科学家就换到另一个新问题。极富创造力的人会开创全新的领域，而其他人只是追着潮流走。如果每个人都这样做，我们对现象的理解就会很肤浅，但幸运的是还有一些科学家能坚持钻研一个问题，刨根问底，不管它有多老多困难。

　　即使核糖体已经被研究了几十年，也没有人知道其中的50种蛋白质位于哪里，更不用说它们的功能。彼得当时正在与唐·恩格尔曼合作解决这个问题。从某些方面来说，找不出比他们更不相同的了。与彼得的内敛相反，唐是一个高个、善于交际的加利福尼亚人，留有精心修剪的胡须，朝气蓬勃的男中音和温柔的态度，在任何交谈中都传递着极强的权威感。他本科就读于波特兰的里德学院，耶鲁读的博士，然后在发现DNA的"第三人"莫里斯·威尔金斯（Maurice Wilkins）那里做的博士后，研究包裹所有细胞的细胞膜结构。彼得一生都致力于核糖体各方面的研究，与彼得不同，唐的兴趣更加多样化。

　　从布鲁克黑文国家实验室（Brookhaven National Lab）的本诺·斯科恩博恩（Benno Schoenborn）的报告中，唐和彼得了解到中子可以用于研究生物分子的结构。之前中子只是物理学家才理会的东西，更麻烦的是，你还需要一个核反应器制造足够多的中子才能做实验。氢及其重同位素氘与中子的相互作用非常不同，这对于生物学来说是应用中子的有趣之处，并且氢原子很多占到了蛋白质和RNA等生物分子中的一半原子。

这个报告给了唐和彼得关于找到核糖体蛋白位置一个新的想法，他们意识到，如果你可以以某种方式将核糖体中的两种蛋白质的氢原子换成氘，那么这两种蛋白质散射中子的方式会非常不同。

通过在重水，即氧化氘中繁殖细菌，你可以获得氘化蛋白质。然后在组装核糖体的过程中，需要选择两种蛋白质进行氘化。威斯康星大学的野村正安（Masayasu Nomura）展示了如何运用生化的方法从小核糖体亚基中提取出20种蛋白质，并从混合物中通过色谱法纯化出单独的蛋白质。然后，混合所有成分之后，在适当的条件下，这些纯化的蛋白质和RNA能重新组装成有功能的小亚基。这就意味着你可以组装一个全新的核糖体小亚基而仅替换其中两个氘代的对应蛋白质。在长岛中部的布鲁克海文国家实验室的核反应堆中，这些核糖体亚基暴露在中子束之后，实验结果可以给出一对蛋白质之间的距离。通过测量两两蛋白质之间的距离，你可以弄清楚它们在三维空间中的分布，整个流程很像早期的测绘师使用三角剖分绘制未知地形，必须枯燥地一遍又一遍对不同对核糖体蛋白质间的距离进行相同类型的测量。

最初成功使用这种方式定位几种蛋白质的时候，我恰巧就加入了实验室，之前的博士后辛德勒（Dan Schindler）递给我继续研究的接力棒。令我惊讶的是，即使是来自核反应堆的中子束也比X射线束弱几个数量级，因此需要花费几天的时间才能从其余核糖体的散射背景中测量到氘化蛋白质产生的小信号。在夏季进行这项工作还挺有优点。在收集数据时，我偶尔会去坐落在南面几英里处的火岛海滩散步。其他时候，困在布鲁克海文不太有意思，因为实验室位于亚攀克郊外前不着村后不着店的一个古老军营中。在那工作的科学家居住在相距数英里的社区中，这些社区是农村小镇和城郊扩张地区的混合体。与大学城丰富的文化活动和夜生活不同，该实验室在晚上和周末都空无一人，没有任何临时访客可以做的事情。这种情况使我想起了一幅著名的《纽约客》卡通，图中长岛高速公路上面写着"66号出口 —— 亚攀克。如果您去过亚攀克，请忽略此出口"。

大约3年后，一半以上的蛋白质在小亚基中的位置被确定，我们就此写了几篇论文。我正思考剩下的蛋白质定位还要花多长时间，就在博士后阶段快要结束的时候，唐跟我说，我已经完成了博士后阶段需要的训练，根据个人兴趣我可以进入下一阶段的职业生涯。该项目最终由我的继任者马尔科姆·卡佩尔（Malcolm Capel）完成。在描述所有蛋白质位置的最后一篇论文中，这些蛋白质好像叠加在小亚基形状上的台球[1]，我开玩笑地说，其中约有三分之一是我的。

为了回应唐的暗示，我申请了近50个教职，但当时并不是找工作的好时机。当时正值里根的小政府时代，研究经费紧缺，而生物技术仍处于起步阶段，教师工作稀缺。

当时我申请了从大专到质量各异的大学的所有职位。规模较小、以教学为主的学院看了我的印度长名，可能担心我的英语说得不够好，无法教书。大学看了我的职业生涯 —— 物理学学士和博士学位，都不是来自著名的大学，两年没有学位的生物学研究生，然后使用一种

---

1. 译者：英文中球的复数也有男性睾丸的意思。

没人听说过的技术，研究一个已经老掉牙不时髦的问题。难怪我没有得到一次面试机会。

幸运的是，田纳西州的橡树岭（Oak Ridge）国家实验室刚刚启动了一个中子散射设施，正寻找同生物学家的合作，所以唐向该设施的负责人沃利·科勒（Wally Koehler）推荐我。我的第一份"真正的工作"展开之际，兴奋和乐观的情绪促使薇拉和我立即在那买了房子。1982年2月，我们将家什装进小型福特Fiesta汽车，从纽黑文出发前往田纳西，中间经历了宾夕法尼亚州的一场冰暴。

我选择去那儿工作是以为我能够进行自己的研究，然而到了那儿，向我承诺的生物学实验室并没有兑现。当我抱怨之后，沃利·科勒告诉我，我的职责是与生物学家合作进行中子散射的实验，而不是自己展开研究。他是著名物理学家，但他显然并不了解生物学的研究方式，中子在生物研究中起到的也只是辅助作用，因此，我到达那里后不久便想着要离开橡树岭。幸运的是，本诺·斯科恩博恩拯救了我。正是他在布鲁克海文国家实验室开发了中子的生物研究应用，并启发了彼得和唐合作将此技术用于核糖体的研究。他为我提供了在布鲁克海文的一份独立工作，鉴于我在橡树岭的情况，我欣然接受。因此，到达橡树岭仅仅15个月后，我们在1983年夏天以血亏价卖了房子，搬回了东海岸，这次是长岛。

薇拉仍眷恋她在橡树岭美丽的花园和田园诗般的生活，当我们开车驶过乔治华盛顿大桥（George Washington Bridge）并看到长岛高速公路上拥堵的车流时，她的心都沉了下去。我们最终在长岛南岸的贝尔波特村旁的东帕格托格（East Patchogue）找到了一所房子。到实验室的单程通勤是19千米，在每个冬天的冰暴期间似乎更长。

与橡树岭经历的灾难性经历不同，布鲁克海文给了我一个设备齐全的实验室、一名技术人员，并让我可以自由地进行自己的研究。我的同事们非常友好、乐于助人，但也明确表示我不能光继续做博士期间的工作而获得终生教授。幸运的是，我在橡树岭短暂工作期间的合作，让我对染色质产生了兴趣，染色质是构成细胞染色体、由DNA和组蛋白形成的复合体。因此，我开始研究染色质的组成方式，并且比起我之后继续进行的核糖体工作，在很长一段时间内我的染色质研究更出名。

我仍然时不时使用所学到的技术（例如中子散射）做核糖体实验，但是我和该领域的任何人都没有在破解核糖体的工作方式上有任何实质的进展。核糖体的各个组成部分似乎很少有自己的作用。这有点像孤立地看一组轮胎和活塞，却不知道如何将它们组装成汽车。而另一方面，整个核糖体又似乎太大，且难以以整体理解的方式解决。核糖体的研究不仅比我开始时更不时尚了，而且中子散射证明在解决它或染色质方面是死胡同。从物理学转向生物学近十年后，我的第二个职业就像我的第一个职业一样陷入了困境。

第 3 章
见所未见，X 射线晶体学

　　我们常说眼见为实，亲眼所见本身经常改变我们对世界的理解。几个世纪以来，我们对自己的身体有很多误解，因为我们对它的认识源于希腊医师盖伦（Galen）基于动物解剖的知识。直到 16 世纪，安德烈亚斯·维萨留斯（Andreas Vesalius）开始解剖人体的时候我们才开始了解自己的解剖结构。

　　但是，对于核糖体，我们已知的任何方法都无法让我们可视化核糖体的细节，更不用提它是如何工作了。在回到我们的故事之前，很有必要先跑个题，了解一下科学家如何花费半个多世纪的时间来开发一种技术，该技术是解决核糖体问题的关键。

　　人类历史进程的大部分时间，我们所能看见的受到肉眼的局限。我们能看到的细节大幅度增加源自 17 世纪中期，当时一位荷兰亚麻商人安东尼·范·列文虎克（Antonie van Leeuwenhoek），他为了制造出更好的镜片，发明了当时最强大的显微镜，用以观察从池塘水到从自己牙齿上刮下的齿垢等一切事物。

　　当他看到四处移动的小生物时极为震惊，当时他称其为小动物（animalcules），也就是今天我们熟知的微生物。此后不久，罗伯特·胡克（Robert Hooke）也使用显微镜观察了从跳蚤到各种组织的一切细节。他发明"细胞"一词来描述组成植物组织的单位。细胞的概念彻底改变了生物学。如今我们知道细胞是可以独立存在的最小生命单位，并且细胞可以结合形成组织到整个动物。伴随显微镜日益强大的是，人们看到了细胞内部的结构，例如带有染色体和各种细胞器的细胞核。仅仅是能够看到细节本身就完全改变了从人体解剖到细胞内部结构的生物学认知，但是细胞内部这些又是由什么组成的呢？

像所有日常事物一样，细胞及其各部件由分子组成，这些分子是一组以非常特定的方式结合在一起的原子。物质的原子理论花了很长时间发展，以至于著名的物理学家理查德·费曼说，如果所有科学知识都被摧毁，只能有一句话传给下一代人的话，那应该是："万物皆由原子组成，一种恒动的小粒子，在彼此有些小距离时相互吸引，但被挤到一起会相互排斥。"

令人惊讶的是，在 18、19 世纪，肉眼能够看到分子之前，科学家们不仅推论了它们的存在，还预测了它们的结构，即组成该分子的原子的排列方式。预测范围包括简单的分子，例如只有两个原子的食盐和较复杂的分子，例如有几十个原子的糖。但是对于更大、更复杂的分子，如果无法直接观测它们，则推断其结构就变得异常困难。

没人能直接看见一个分子的原因与光本身的特性有关。光是由光子组成的，从量子物理学中我们知道，光子可以同时具有粒子和波的特性。波的属性是镜头和显微镜能够工作的原因。但此属性还意味着，当光通过一个非常狭窄的开口或绕过某个物体边缘时，由于其波的特质会散开而发生衍射。通常，我们不会注意到这种效应，但是如果两个非常小的物体靠近在一起，它们的图像就会散开并彼此融合，通过显微镜观察的人只会看到一个大的模糊对象，而不是两个独立的物件。在19世纪，德国物理学家恩斯特·阿贝（Ernst Abbe）计算出只有当两个物体的距离不小于用于观察它们的光的波长的一半时我们才能观察到这两个物体是分开的，或者"分辨"它们。区分两个对象之间的最小距离称为分辨率极限，可见光的波长通常为500纳米（1纳米是十亿分之一米）。因此非常细微的细节（例如，短于250纳米的不同特征）根本看不到，反而会被模糊掉。

早在20世纪初，人们估计一定体积的物质中有多少个分子，由此可推算一个分子中原子之间的近似距离，这个距离小于光的波长的一千分之一。这意味着即使使用最好的光学显微镜也无法看到单个分子，分子将永远是不可见的存在。

一种可见光的替代源在1895年出现，当时德国物理学家威廉·伦琴（Wilhelm Röntgen）在观测真空管的放电现象时发现了一种新奇的辐射。真空管在真空中有两个被高压隔开的电极，施加电流时，带负电的电极（阴极）会加热并发射电子，在真空中飞行并撞击另一个电极，即阳极。他发现这些管释放出的神秘射线使得钡化合物在完全黑暗中发出光亮。他将这种射线称为X射线，并就此开始研究它的特性。它的穿透力极强，让人们第一次看清正常情况下不透明的物体，透过人手照出内部的骨头。

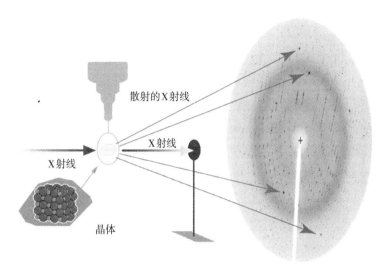

图3.1　X 射线在撞击晶体时产生衍射点

　　当时没有人知道 X 射线是什么，是粒子还是波（现在我们知道它们也像普通光一样是光子，因此它们既是粒子又是波）。1912 年，马克斯·冯·劳厄（Max von Laue）和他的两个同事决定看看 X 射线撞击硫化锌晶体时会发生什么。硫化锌晶体由锌和硫两种原子组成，他们发现 X 射线并不是胡乱散射，而是集中在一些点上。

　　冯·劳厄很快意识到其中的原理。他使用的晶体是一种分子规则排列的三维结构，类似完美球状体的堆叠。当 X 射线撞击晶体时，如果它们是波，则每个原子都会将波朝各个方向散射，就像在池塘中扔卵石时，在各个方向出现向外粼粼的波纹一般。所以各个方向上的波都是 X 射线束撞击的每个原子散射的所有波的总和。

当两个波合并时，合并后的波的强度取决于两个原始波的性质，而这又取决于它们之间的相互关系。如果它们各自的波峰波谷在同一位置，则它们相位相同，合并后的波强是原来的两倍。但如果一个波的峰与另一个波的谷对应，则它们相位不同，并且将彼此完全抵消，这两种极端情况之间的其他对应方式则会产生中间效果。

冯·劳厄意识到，不同位置的原子散射出来的波将传播不同的距离。它们或落后或领先，因此不会保持同相位，大部分将相互抵消。但是在某些方向上，不同原子的波将滞后或领先波长的整数倍，在那种情况下，它们的波峰和波谷仍然会对齐，因此它们仍在同相并增强振幅。因此，冯·劳厄只能在他的照片中看到一些斑点——它们表明了晶体中原子散出的波相互增益的方向。

这个实验表明X射线可以被看作是波，而同时这也是第一个直接证明晶体是由规则排列的原子组成的。由于人们大致知道原子间的距离，也就因此可知X射线的波长，这个波长用来观测原子细节正合适，因为它恰好比可见光波长小一千倍以上。1914年，冯·劳厄被授予诺贝尔物理学奖。

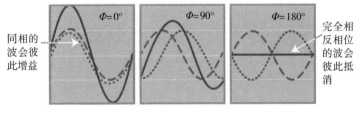

图3.2 波的叠加效应由它们之间的关系决定

冯·劳厄还试图推断晶体中的锌和硫原子的准确空间排列方式，遗憾的是他的分析结果是错误的。冯·劳厄的结论吸引了一个年轻的剑桥研究生劳伦斯·布拉格（Lawrence Bragg）的注意。他在仔细思考之后提出了一种优雅的解决方案并推断出正确的结构。布拉格意识到，晶体中的原子排列可以看作不同的平面集合，这些平面集可以以不同的方向排列，并以不同的间距分开。X 射线在这样一个原子平面上散射可以认为是在平面上的反射，因此衍射点也称为反射。对于任何一组平面，在相邻平面散射的 X 射线传播的附加路径在某个特定的角度正好是一个波长的长度。因此在该角度通过平面收/聚集散射的波将保持同相并彼此增益，从而产生衍射点。

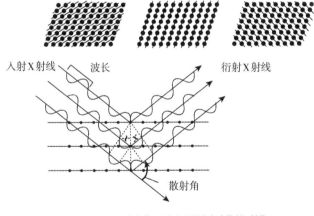

图 3.3　晶体中的平面如何以特定角度散射 X 射线

角度与平面间距之间的关系称为布拉格定律。在任何给定位置，可能有几个满足布拉格条件的平面，每个平面组都产生一个以特定角度入射的 X 射线束的光斑。另外，随着晶体的旋转，将出现新的满足布拉格条件的平面并产生更多斑点。当你完成整个晶体围绕光束的旋转时，你就测量出了晶体中所有可能产生的斑点。

布拉格利用他的分析得出了冯·劳厄晶体中原子的正确排列方式，并于1912年11月向剑桥哲学学会报告了他的分析结果，但由于他只是一名学生，因此这篇布拉格的文章是由他的教授、发现电子的约翰·汤姆森（J. J. Thomson）代为正式发表的。

随后布拉格利用他的理论分析了最简单的分子之一，即食盐。那时候的化学家已经得出盐分子是由一个钠原子和一个氯原子结合在一起组成的，他们称其为氯化钠。当布拉格分析盐晶体X射线照片中的斑点时发现并没有氯化钠分子，相反，晶体是钠离子和氯离子的三维棋盘布局（其中钠原子失去一个电子，氯原子获得一个，因此两者电荷相反），而这些离子由电力维持在晶体中。

他那个时代的许多化学家对于这个发现不太舒服，无法接受一位年轻的物理学研究生告诉他们，甚至像普通食盐这样的简单事物都不是他们曾经认为的那样。伦敦帝国理工学院的化学教授亨利·阿姆斯特朗（Henry Armstrong）就是其中之一，在写给《自然》杂志的一封题为"可怜的食盐"的信中狠狠地抨击了布拉格，称布拉格的氯化钠结构是"对常识的糟践"。他还用了可能是对英国人的终极侮辱的言辞补充道，"这是……极度荒谬的N次方，化学板球不是这么玩的[1]"。最终，布拉格不仅被证明是正确的，而且还继续确定了许多简单分子的结构。第一次，分子可以被"看见"了。这种通过分

---

1. 译者注：板球是英国流行的全民运动，几乎人人都会玩。

析晶体产生的衍射点来确定分子中原子的三维排列的方法被称为 X 射线晶体学。

布拉格的父亲威廉・布拉格（实际上他们都叫威廉，因此儿子使用了他的中名，劳伦斯）是一位物理学教授，当时他开发了那个时代一些最先进的仪器来对 X 射线斑进行精确测量。布拉格提出他的理论之后，他和父亲一起进行了几次实验。布拉格留在剑桥期间，他的父亲到处巡回演讲，谈论他和"他的男孩"一起做的工作。因为布拉格还是个学生，有段时间他一度担心颇有名气的父亲会揽尽全部功劳，因此他们的关系一度有些紧张。事实证明，诺贝尔奖委员会的某个成员非常了解情况，1915 年，两位布拉格（父子）因其工作而共同获得了诺贝尔物理学奖。当时只有 25 岁的布拉格直到今天一直是诺贝尔奖得主中最年轻的。由于第一次世界大战刚刚开始，他无法去斯德哥尔摩领奖。实际上，布拉格的兄弟罗伯特（Robert）在获悉奖项的几周之前在军事行动中被杀，直到 1922 年布拉格才发表了诺贝尔获奖演讲。

布拉格最初研究的简单分子只有几个原子。因此，可以对它们的结构进行不同的猜测，看看布拉格定律所预测的斑点是否与照片中实际看到的相符。但是对于具有更多原子的大分子来说，这种预测就变得越来越困难。因此我们需要一种不同的方法。是否能直接从 X 射线数据中计算出分子的图像或"地图"来显示原子的实际位置呢？

通过放大镜获取图像的工作原理，我们可以理解如何计算分子图谱。光线从物体的各个部分散射。透镜通过合成来自物体上每个点的

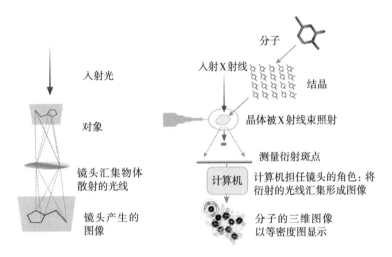

图3.4 比较镜头和X射线晶体学成像

散射波来产生图像上的每个点。重要的是，无论是否有透镜，光线的散射一直存在，镜头只是收集它们以形成图像。我们已知可见光的波长比观测分子中的原子的分辨率要求大了一千倍，而X射线则具有合适的波长。难道我们不可以直接使用带镜头的X射线直接查看分子的图像，而不必被晶体和斑点困扰吗？

问题在于并不存在足够好的透镜可以用X射线进行分子成像。而且即使我们能够做到这一点，还有个更严重的问题，与可见光不同，X射线会损坏其撞击的分子。要看清单个分子的全部细节，需要暴露的X射线量可能会破坏该分子。但是，在晶体中，衍射点是来自数百万个分子的散射X射线相加的结果，因此由数百万个分子放大而得的信号意味着你可以只使用小剂量的X射线，这也是使用晶体的一个重要优势。

即使没有 X 射线的透镜，人们也发展了一种数学方法来模拟透镜的工作 —— 将来自物体不同部分的波合并形成图像（给数学好的读者：具体方法是对散射射线进行傅立叶变换）。但是，仅仅将 X 射线照片中测量的斑点合并到计算机中拟合图像有一个很大的问题。镜头将不同波复合时会"知道"波的每个部分何时到达。换句话说，透镜知道其累加的每个波的相位，即波峰和波谷的相对位置。当我们测量晶体的 X 射线衍射点的强度时，我们所测量的是波的振幅，也就是说，波峰超过其平均位置的高度。因此测量值完全没有关于波相位的信息，即每个点上的波之间波峰的距离有多远。要将所有点上的波相加，你需要两方面的信息，而测量结果仅包含一半的信息。更糟糕的是，振幅信息不那么重要，因为正确成像对相位信息的依赖性远高于振幅。这种头疼的情况在晶体学中称为相问题。不了解相位，就不会有该结构的图像。

晶体学家亚瑟·林多·帕特森（Arthur Lindo Patterson）提出了解决该问题的一种方法，他意识到即使没有相位信息，你也可以使用测得的斑点强度来计算一个函数，该函数可以让你找到结构中最重要的原子，通常是较重的原子（因为它们具有更多的电子形成更强的散射）。然后你可以计算这些原子产生的相位，将它们与整个分子测量到的实际振幅相结合。这样做之后，一些原先缺失的原子 —— 不属于重原子的那些 —— 在结构图像中会形成较弱的成像或"鬼影"。再把这些原子添加到初始结构并重做计算时，下一轮会有更多的原子显示为"鬼影"。如此往复，你可以逐步得到最终的完整结构。

最终得到的计算结果是该分子的三维图像或"地图"。这些图被称为电子密度图，因为几乎所有X射线的散射都来自原子中的电子，这些图显示了电子在各个位置的密度。由于电子主要分布在原子核周围，形成一个紧密的核，该方法实际上告诉了我们核在哪里。通过制作剖面等高线图可以直观地看到这些图谱，类似于显示山峰位置的地形图。在地形图中，海拔越高，等高线越密；同样，在电子密度图中，密度越大，等高线越高。因此，这些图谱显示了分子中原子的位置。

帕特森的方法逐渐被科学家们用来确定更加复杂的分子结构，将之用到极致的人是多萝西·霍奇金（Dorothy Hodgkin），本姓克劳福特（Crowfoot）。她是牛津大学萨默维尔学院获得化学一等荣誉学位的首批女性之一，之后师从剑桥的约翰·戴斯蒙德·伯纳尔（John Desmond Bernal）攻读博士学位。

伯纳尔是一位出色的博学专家，在知识的花丛中飞过，不带走一片云彩。他经常在许多重要问题上进行开拓性的工作，但总不刨根问底，也许是他分心的事情太多。第二次世界大战期间，英国政府邀请他为诺曼底登陆日的最佳地点提供建议。他是一个热心的共产主义者，他对女人也很狂热，有时候跟几位女性同时交往。其中的许多人——包括霍奇金本人——都觉得伯纳尔确实关心她们，并在职业上激励她们，因此她们在即使不再与他交往之后的很长时间后也与他保持着非常良好的关系。事实上，当他身患绝症时，其中几个人轮流照顾他。

也许是由于他的精力太过分散，他的几个门生倒是做出了比他更大更有名的贡献，霍奇金是其中最杰出的代表之一。攻读博士学位后，她回到了牛津大学，但学术界根本不愿招募女性，因此她无法在那里找到合适的教职。幸运的是，她的母校萨默维尔学院给了她研究员职位，再辅以各种短期性的研究基金。学校给了她大学的自然历史博物馆的阁楼间做实验室，为了在那儿做实验，她经常得在爬梯子时用一只手颤颤巍巍地平衡手中珍贵的晶体。这些困难和不确定的工作条件没有束缚住她非凡的判断力，她眼光独到地选择了研究包括青霉素和维生素 B_{12} 等重要的生物分子。维生素 B_{12} 包含数百个原子，确定它结构的旅途异常艰难。有一次，伯纳尔告诉她，她会获诺贝尔奖，她问是否有一天可以当选为皇家学会的会员，据称他的回答是："这要困难得多！"对于男人来说，情况恰恰相反，皇家学会在其存在的近三百年中从来没有选过任何女性，但是霍奇金的工作太重要了，不容忽视。1947 年，在皇家学会迎来首位女性研究员、晶体学家凯瑟琳·朗斯代尔（Kathleen Lonsdale）和生物化学家玛乔莉·斯蒂芬森（Marjorie Stephenson）的第二年，她也成为皇家学会的研究员。1964 年，霍奇金因她的工作而获得了诺贝尔化学奖，当时的一篇报道的标题是"来自牛津的妻子被授予诺贝尔奖"，文章的开头写道："一位家庭主妇，3 个孩子的母亲昨天获得了诺贝尔化学奖。"显然，至少对于某些记者而言，她的主妇身份和生育能力仍然是关于她的最重要的事实。

　　X 射线晶体学取得了巨大的成功，但是最初人们尚不清楚诸如蛋白质之类的分子是否也可以通过晶体学进行研究。20 世纪 30 年代中期，当伯纳尔和霍奇金首次使用 X 射线检测蛋白质的晶体时，他们几乎看不到任何斑点。伯纳尔意识到蛋白质晶体中含有大量的水分，在射线照射时逐渐变干而失去了原来的规则排列，当他和霍奇金在进行实验的同时保持蛋白质水分时，他们看到了漂亮的衍射图样，这是第一个证明蛋白质具有确定的结构而不是氨基酸的随机链的证据。

但是蛋白质包含数千，而非数百个原子，因此霍奇金用来解决维生素B_{12}的方法不能用于蛋白质结构解析。幸运的是，来自奥地利的移民马克斯·佩鲁茨决定攻克这个难题。佩鲁茨在20世纪30年代离开奥地利，像霍奇金一样，佩鲁茨也去了剑桥与伯纳尔一起工作。伯纳尔当时被看作无所不知的圣人。佩鲁茨在霍奇金离开后不久加入了伯纳尔实验室，并开始研究血红蛋白。血红蛋白是我们血液中的一种大蛋白，它由4个独立的链组成，每个链上都有一个铁原子，将氧从肺部输送到我们的组织。它比当时通过晶体学解决的所有分子大50倍左右，人们觉得佩鲁茨简直疯了。佩鲁茨当时不知道应该怎样解析，他会很自豪地向他的同事们展示美丽的衍射照片，但当他们问起衍射图到底意味着什么时，他会迅速改变话题。幸运的是，1938年成为剑桥卡文迪什教授的布拉格通过自身的影响力为佩鲁茨提供了多年的支持，因为他对预期的目标非常热情，即使佩鲁茨进展缓慢或根本毫无进展。

最终，差不多20年后的1953年，佩鲁茨终于取得了突破。当他在晶体中添加像汞这样的重原子时，斑点的强度改变了。这些重原子仅键合到分子中的几个位置，通过测量有无重原子在X射线衍射点强度上引起的差异可以找出重原子的位置。他使用的算法同霍奇金使用的帕特森算法相同，不同的是这次测量的是有和没有重原子的晶体之间的强度差异。重原子的位置可以让佩鲁茨确定每个斑点的相位并计算该分子的三维图像。在接下来的六年中，佩鲁茨和他之前的学生约翰·肯德鲁（John Kendrew）使用这种方法精确地解决了血红蛋白的结构以及一种也携带氧气的较小的相关蛋白质，被称为肌红蛋白的结构。因此，大约在1960年前后，也就是在X射线晶体学揭示了食盐是两种原子呈象棋盘的排列结构的50年之后，该技术可以在三维中显示具有数千个原子的蛋白质的外观。结构生物学的时代就此拉开序幕。

　　佩鲁茨是克里克的博士生导师，肯德鲁（至少官方）是沃森的博士后导师。也许并非完全出于巧合，佩鲁茨和肯德鲁于1962年因其解析第一个蛋白质结构而获得了诺贝尔化学奖，而沃森和克里克与莫里斯·威尔金斯因在DNA方面的研究而获得了诺贝尔生理学或医学奖。同年，佩鲁茨从他被"真正的"物理学家多年以来容忍的实验室，即镇中心的卡文迪什实验室背面，一个经过翻新的自行车棚，搬到了位于剑桥南部郊区的四层新房：MRC分子生物学实验室（LMB）。LMB在成立的第一年就获得了4项诺贝尔奖，让LMB立即名声大噪。

第 4 章
基因机器的第一个晶体

拜马克斯·佩鲁茨和约翰·肯德鲁的努力所赐，人们第一次看到了蛋白质中成千上万个原子是如何聚集在一起形成精确结构的。他们解析的结构中甚至可以看到与肌红蛋白和血红蛋白中的氧分子结合的铁原子。

晶体实际上是相同分子在三维上的有序堆叠。一种极端情况下，如果一个分子只有一个原子，则它的晶体结构相当容易，就像是台球一样的规则堆叠。但是，具有数千个原子的大型不规则分子堆叠起来要困难得多，因为所有分子都必须以完全相同的方向排列。任何轻微的不规则都会破坏其结构。这就像将玩具铁路引擎堆积成完全对齐且规则的堆栈，事实上比这还要困难，因为蛋白质这样的大分子并不完全是刚性的，它们往往很松散，周围有小小的祥（环圈）和延展结构。因此，蛋白质能够结晶本身就令人惊叹，并且通常情况下蛋白质越大，结晶越难。即使到今天也没人能准确预测某个蛋白质如何结晶，甚至是否会结晶。考虑到整个过程的不确定性，我们根本不清楚像核糖体这样具有数十万个原子（而不仅仅是数千个）的大分子是否能形成晶体。

　　分子要形成规则的晶体，它们必须几乎完全相同，以便它们以相同的方式在三维中堆叠。人们最初不知道同一来源（如细菌或动物组织）的核糖体是否具有相同的结构，甚至具有相同的蛋白质组成。如果答案是否定的，那么它们极不可能形成晶体。核糖体可能具有确定的结构这一猜测的第一个提示是在发现核糖体后仅十年左右的时间，当时哈佛大学的布雷克·拜尔斯（Breck Byers）正在研究冷却后的雏鸡胚胎细胞会发生什么情况。他最初根本没有关注核糖体，而是在研究被称为微管的细胞中的长丝，它们参与细胞中的许多活动，例如细胞分裂。1966年，他在冷却雏鸡胚胎细胞之后注意到这些细胞中的核糖体会以规则的形式聚集在一起形成片层（sheets）。这些片层只有一个核糖体厚，因此形成一种二维晶体，而不是通常说的三维晶体。马克斯·佩鲁茨邀请拜尔斯到LMB从事他的二维晶体研究。他在20世纪60年代和70年代两次造访，但研究一无所获。

　　与此同时，LMB的两位年轻科学家奈杰尔·安文（Nigel Unwin）和理查德·亨德森（Richard Henderson）正尝试另一种确定生物分子结构的方法。安文又高又瘦，留有刘海，看起来像披头士乐队的一员，而矮个子的亨德森看起来像十几岁的男孩子（更不用提他还经常穿休闲的装束）。两人都充满活力，并渴望在科学史上留下自己的印记。安文和亨德森合力研究如何确定细菌视紫红质的结构。细菌视紫红质是位于嗜盐细菌细胞膜中的蛋白质，负责从光中产生能量。当时并没有好的方法可以使膜蛋白形成三维晶体，因为膜蛋白存于覆盖所有细胞的脂质膜的油性环境中，它不溶于水，因此传统的蛋白质结晶方法不适用。安文和亨德森决定使用拜尔斯看见的那种二维晶体，并使用电子显微镜获得其结构。

像X射线一样，电子具有波状特征，甚至比X射线的波长更短。电子显微镜曾被用来获取诸如矿物和金属之类的物质的原子结构，但是生物分子的散射与周围的水或脂质膜相比并不突出，也就是说对比度很低，为了足够详细地看清生物分子就需将其暴露于强电子环境，这样的话在看清分子结构之前它们就被破坏并分解了。但是，对于二维晶体，安文和亨德森提出了通过使用低电子剂量的晶体学方法来获得结构。

1972年，正当他们开始研究这种方法的时候，安文读到一篇论文，也观测到了核糖体类似于拜尔斯观察到的规则二维阵列，区别是核糖体来源为一种蜥蜴的卵母细胞（会发育成卵的细胞）。他写信给作者卡洛斯·塔迪（Carlos Taddei）咨询这些晶体，但几次尝试之后均未得到答复。坚毅不放弃的决心让安文从剑桥坐火车一路抵达那不勒斯，找到了塔迪实验室并敲开了他办公室的门。最终，塔迪来到LMB与安文合作了一段时间。除了不愿回答安文的询问外，他还有各种其他怪癖广为人知，诸如在LMB实验室里旁若无人地吸着烟斗而经常引发火警警报。

几年的努力之后，尽管安文获得了一些信息，但很显然，蜥蜴卵母细胞的这些二维核糖体晶体不够好，不足以得到详细的原子结构。因此，安文最终放弃了该课题，转而研究其他方向。他和亨德森在膜蛋白结构方面进行了开创性的工作。安文的蜥蜴留在了LMB大楼的地下室中，后来蜥蜴逃脱并繁殖，几年后人们有时还会看见它们在建筑物外徘徊。

即使研究雏鸡胚胎和蜥蜴卵母细胞核糖体的二维晶体是死胡同，这个发现仍然很重要，因为核糖体可以结晶（即使仅在二维上）说明了至少它们具有明确的结构。那么核糖体能否形成用于解决血红蛋白等蛋白质结构的三维晶体呢？到20世纪70年代中期，许多比血红蛋白大得多的蛋白质分子被成功结晶，其中包括大型蛋白质装配体和整个病毒。因此，即使核糖体亚基比当时已结晶的最大分子还大10倍，尝试诱使它们形成某种晶体直到解析出明确的结构，这种想法并非天方夜谭。

亨氏-冈特·维特曼（Heinz-Günter Wittmann）就是这样想的人，他与妻子布里吉特·维特曼-利伯（Brigitte Wittmann-Liebold）一起使用烟草花叶病毒研究遗传密码，该病毒使用单个RNA分子而不是DNA来存储其基因。1966年，维特曼被任命为位于柏林的马克斯·普朗克分子遗传研究所新的所长，这意味着他可以调配巨大的资源，并监督一个以其名命名的部门。该部门的论文以"维特曼部门"（Abteilung Wittmann）作为通信地址的一部分（如今，马克斯·普朗克的主任们很少使用自己的名字给部门冠名，而是更喜欢用研究领域命名）。

一旦被马克斯·普朗克学会（Max Planck Society）雇用为主任，几乎不可能再被开除，这意味着维特曼可以尝试可能需要花费很长时间才能完成的工作。维特曼以非常典型的德国人的研究方式系统地组织了他的部门来研究核糖体的各个方面，其中的某些功能在当时虽然重要，但解决起来却是十分烦琐，例如从许多不同物种中纯化核糖体蛋白，费力地对每一种核糖体进行氨基酸测序。弗雷德里克·桑格（Frederick Sanger）于1977年开发的DNA测序技术取代了这项工作的大部分内容，因为对蛋白质的基因进行测序比对蛋白质本身进行测序要快得多。但是维特曼也非常清楚解析核糖体的结构才是理解其工作原理的关键。

维特曼运营他的部门几年后，一个令人疑惑的角色出现在晶体学领域。这位德国人名叫哈斯科·帕拉迪丝（Hasko Paradies），尽管是儿科医生出身，他却一直致力于结晶重要分子，好像就没有什么是他没有结晶出来的。他已经成功结晶 tRNA 以及许多大型蛋白质复合物，唯一的问题是他的工作不那么经得起细究。帕拉迪丝在伦敦国王学院（King's College）工作时，在一个报告中展示了一张 tRNA 晶体的 X 射线衍射图，酶结晶学的先驱大卫·布洛（David Blow）立即意识到这是胰凝乳蛋白酶，一种他早就已经结晶过的蛋白质。他与帕拉迪丝针锋相对，在很短的时间内，帕拉迪丝离开了伦敦国王学院。

凭借之前"结晶"多种不同重要蛋白质的履历，帕拉迪丝被任命到维特曼部门工作，尽管他离开伦敦的原因维特曼已有所耳闻。他在维特曼的研究所一直待到1974年，这一年他发表了一篇有关结晶核糖体的论文，之后去了柏林自由大学（Free University）担任教授。几年后的1983年，韦恩·亨德里克森（Wayne Hendrickson）和其他几位主要的晶体学家给《自然》杂志写了一封信，指出他们认为帕拉迪丝研究的关键部分有"故意误导"的原因，并要求这篇文章"应该被撤稿"。尽管帕拉迪丝在回复中为自己的工作辩护，他在不久之后给了无关的理由而离开了他在柏林的工作。自此，他从结构生物学的世界中消失了。

通常仅仅是知道一些微小的可能性就可以打破巨大的心理障碍，促使人们愿意尝试。所以尽管帕拉迪丝可以结晶 tRNA 的结论被学界拒绝了，但当时正在研究该问题的布莱恩·克拉克（Brian Clark）表示他受到帕拉迪丝一些主张的鼓舞，甚至发现他的一些建议对生产实际的 tRNA 晶体很有用。同样，维特曼并没有意识到帕拉迪丝的失败（或者无法说服自己），坚持认为他最初的"结果"很有希望，并继续找人试图结晶核糖体。

其中一个愿意尝试的人是鲍勃·弗莱特里克（Bob Fletterick），他是加拿大埃德蒙顿的艾伯塔大学的结晶学家。他即将在那儿获得终身教授，但他当时的女友是一个土生土长的德国人，他觉得对他们来说当时在德国待上几年会很有益。因此，在 1978 年年初，他与维特曼联系准备研究核糖体结晶。维特曼认为这项研究很有价值，并在几个月后予以弗莱特里克洪堡奖学金（Humboldt Fellowship），弗莱特里克回忆说，拿到的薪水甚至比他在加拿大的教职职位还要多。然而维特曼的任用从未实现，因为弗莱特里克的女友"突然转移了注意力"，所以他不再想去德国。那时他在美国获得了很多教职的聘用意向，并最终以 UCSF 的终身教职成员的身份在旧金山度过了余下的职业生涯。

维特曼与帕拉迪丝和弗莱特里克的失败经历可能令其沮丧，但事不过三，他很幸运地招到了来自以色列的科学家艾达·尤纳斯一起工作，她恰好有这个项目所需的雄心和毅力。

当时，尤纳斯是以色列魏兹曼研究所（Weizmann Institute）的一名职员。一次会议上与维特曼见面之后，她提出了想在柏林的研究所访问一段时间的想法。幸运的是，维特曼手里还有当时为弗莱特里克申请的未使用的洪堡奖学金，他迅速安排将其予以尤纳斯。

图4.1 亨氏·昆特·维特曼（布里吉特·维特曼·利伯德提供）和艾达·尤纳斯（由威廉·杜阿克斯提供）

尤纳斯走向柏林的道路并不容易，她一路克服了许多艰难险阻。她在耶路撒冷一个贫穷的东正教家庭中长大，尽管她的艰难处境令她必须在很小的时候就工作并帮助养家，但她的父母仍然鼓励她接受教育。父亲在42岁那年英年早逝，这使她的处境更加雪上加霜。她的决心在之后的教育选择可见一斑，她设法找到资助从耶路撒冷希伯来大学毕业，之后获得了魏茨曼研究所的博士学位。在美国做完博士后后，她回到了魏兹曼研究所获得了一份教职。

尤纳斯在核糖体方面的工作始于试图结晶一种帮助核糖体在mRNA上找到正确起始位的蛋白质因子，但是一年之后，工作毫无进展。她又被之后的自行车事故拖累，不得不休养好几个月。在此期间，根据1999年在《科学》杂志上伊丽莎白·彭尼斯（Elizabeth Pennisi）对其的采访，她意识到维特曼的实验室正在生产许多不同物种的纯化核糖体，于是询问维特曼是否可以尝试使其结晶。

尤纳斯的晶体学经验仅限于几种小蛋白，以前也没有与核糖体相关的文章。但维特曼在与帕拉迪丝和弗莱特里克的两个错误开始之后，还有人愿意担负起这个极具挑战性的项目他已经很欣慰了。尤纳斯在同一篇彭尼斯写的文章中回忆道："他说这项研究是他一生的梦想，并给了我一切我需要的东西。"

生物学的进展通常是从选择了正确的模式生物开始的。例如，通过使用来自鱿鱼的巨大轴突使神经传导的研究成为可能，因为它们的轴突足够大，肉眼能看到，能直接连接电极。早期的遗传学家之所以使用果蝇是因为它们能够快速繁殖，并且可以通过观察许多可视的性状（例如眼睛的颜色）来推断遗传规律。就细菌而言，用于各种生化和遗传研究的标准生物是大肠杆菌（Escherichia coli，简称 E. coli），因为它很容易培养，每 20 分钟翻一倍，因此很方便对其进行遗传学研究。它的名字来源于它的发现者西奥多·埃舍里希（Theodor Escherich）和它的寄宿位置——人的结肠。公众对它熟知主要是由于一些致病性的菌株偶尔导致的严重痢疾。毫不意外地，它成为纯化和研究核糖体的主要来源，而维特曼的实验室当时有大量的微生物储备。一开始的结晶努力只取得了大肠杆菌核糖体的微晶体，体积太小以至于还不如电子显微镜已经研究的二维晶体来得有用。他们需要一种新的模式生物，幸运的是，他们的同事沃尔克·埃德曼（Volker Erdman）正好有一种非常合适的物种。

埃德曼 15 岁那年从德国移民到美国，在新罕布什尔州上的高中和大学。为了寻根，他回到德国攻读博士学位。博士之后，他去了威斯康星大学的野村正康（Masayasu Nomura）实验室工作。他听说野村可以将核糖体的整个小亚基（30S）分解再组装回原样，于是想试试是否也能对大亚基（50S）进行同样的处理。细菌核糖体亚基的名称30S和50S表示在离心机中高速旋转时它们在试管中沉积的速度，其中大写字母S是以瑞典科学家西奥多·斯维德伯格（Theodor Svedberg）命名的Svedberg单位，他是首位描述分子在超速离心机中的沉积方式的科学家。神奇的是，整个细菌核糖体是70S而不是80S，因为颗粒沉积的速度不仅取决于其质量，还取决于它的总体形状。

埃德曼最初尝试重组大肠杆菌的50S亚基，野村在重组的30S亚基也来源于大肠杆菌，结果完全失败了。因此，他改用一种拉丁名为 *Bacillus stearothermophilus*（嗜热脂肪芽孢杆菌）的细菌。Thermophilus的意思是"嗜热"，细菌会在约60摄氏度（或140华氏度）的温泉中自然生长。当他从这些嗜热细菌中分离出50S亚基时，成功重复出野村在小亚基所做的实验。博士后结束之后，他在德国和美国之间的往返来到了最后一程，他搬到了柏林的维特曼部门，在那里建立了自己的实验室，随身带着50S亚基的样品。

20世纪70年代后期的一天，尤纳斯和维特曼告知埃德曼结晶核糖体的计划，并问他是否愿意提供帮助。埃德曼说，如果他们愿意使用嗜热脂肪芽孢杆菌的核糖体就愿意帮忙，因为他更得心应手。由于嗜热细菌的分子具有耐热性，因此它们更稳定，有益于结晶。三人约定下一个周日早上见面。埃德曼叫上了与他一起工作的妻子汉内洛（Hannelore），因为她知道大亚基的旧样品在冷冻柜的位置。尤纳斯与埃德曼和他的妻子一起着手结晶试验，仅仅 3 天后的周三，埃德曼回忆说，维特曼告诉他有晶体了。电子显微镜专家巴伦特·特舍（Barendt Tesche）证实它们确实是 50 S 亚基的晶体。

团队开始着手改进原初的小晶体，当埃德曼带来的旧材料用完的时候，他们不得不用新鲜提取的核糖体制作大亚基。他们一度无法重复原初的结晶实验时，埃德曼开玩笑地对我说，他担心，因为最初的晶体用的大亚基存货已经在负 80 摄氏度中冷冻了 4 年，他们在纯化核糖体后都得等待数年才能获得晶体！最终他们实验成功，结晶大亚基已是家常便饭。

获得由数十万个原子构成的分子的三维晶体是一项重大成就，但是结果并没有在主要期刊上大张旗鼓地报道，而是发表于当时的新杂志、现已停刊的《国际生物化学》（Biochemistry International）。维特曼是该杂志的创刊编辑，杂志名听上去很能唬人，实际上没几个人读过。我问埃德曼，为什么维特曼会选择一个相对默默无闻的渠道来发表如此重要的成果，而不发表在《自然》或《科学》这样的知名期刊上。他推测维特曼由于帕拉迪丝事件而趋于保守，有些犹豫和谨慎，因此他不想大张旗鼓，只是想将结果发表出来。

在初试成功的鼓舞下，维特曼竭尽所能确保尤纳斯有长期资助继续解决该问题。他试图为她谋取主任一职，但是高贵的马克斯·普朗克学会显然对当时的尤纳斯的资历没什么印象，就拒绝了。然而，他最终还是说服学会支持她在汉堡的一个专门实验室，位置紧挨着德国同步加速器，可以提供她研究晶体需要的 X 射线束。同样重要的支持来自他自己的部门，全力配合制造和描述核糖体。经年以来，他和尤纳斯成了密友。

他们的成功促使其他研究者加入竞争。普希奇诺（Pushchino）是苏联政府为科学中心建造的小镇，它是数个资金雄厚的研究所所在地，其中一个由亚历克斯·斯皮林（Alex Spirin）领导，他是一位杰出的核糖体生物化学家。像维特曼一样，斯皮林也领导着一个大组研究核糖体的各个方面。他的思维模式不像维特曼那样系统化，他是一位极富想象力的科学家，他会发表大胆的新想法，因为他不怕偶尔犯错。同时斯皮林还是一个非常独立的人，不愿屈服于权威。一个例子是，他曾被要求签署请愿书，将持不同政见的核物理学家、苏联氢弹之父安德烈·萨哈罗夫（Andrei Sakharov）从苏联科学院除名。公开拒绝签署请愿书对于他在政治上的身份有些尴尬，因为他不仅是科学院的杰出代表，也是一间主要研究所的负责人，所以斯皮林决定去普希奇诺的偏远森林中进行长时间的"狩猎之旅"，让人找不到他。

斯皮林的研究所也对核糖体的结构感兴趣，其中一员玛丽亚·加伯（Maria Garber）带领了一个小组，试图结晶组成核糖体的单个蛋白质或帮助核糖体完成各种任务的蛋白质因子。和其他所有人一样，她也尝试使用大肠杆菌核糖体的蛋白质。

1978年，加伯从日本读到一份报告之后决定改变现有的核糖体研究方法，这篇报告描述了使用一种比嗜热脂肪芽孢杆菌更耐热的细菌作为来源，成功结晶作用于核糖体的两种重要蛋白质。这种细菌是大岛太郎（Tairo Oshima）于1971年在日本伊豆半岛的温泉中分离而得，最佳生长温度是滚烫的 75 摄氏度（或 167 华氏度，如果你愚蠢到直接把手放进这个温度的温泉，那么手部灼伤只需要几秒钟）。他们给新细菌起了一个明确到有些重复的拉丁名 *Thermus thermophilus*（嗜热栖热菌）。

加伯认定使用这种新细菌。她去日本待了几个月，并于 1979 年 12 月带回了一些细菌，但不幸的是，菌株在途中死亡。于是她请大岛邮寄一些新鲜的细胞，幸而它们安全到达。1980 年年底，加伯和她的同事已经成功地使用这些细菌获得了一种很大的蛋白质（延伸因子 G）的美丽晶体，延伸因子是帮助核糖体沿 mRNA 移动的蛋白质。

结晶嗜热栖热菌蛋白质的初试成功激励了加伯和她的同事对该物种进行其他尝试。鉴于当时苏联的资源，要培养大量嗜热栖热菌相当昂贵，加伯不想有任何一点浪费。类似屠宰场用尽牲口的每个部分一样，他们邀请苏联的其他科学家从这种细菌中获取他们想要的任何蛋白质。

加伯的一位同事，伊戈尔·塞尔迪克（Igor Serdyuk）是"与外国沟通"的共产党专员，即使在冷战最激烈的时候，经常出差到西方都没有问题。他以前曾使用低分辨率技术描述了核糖体的整体形状，因此他自然很想知道是否可以用加伯实验室的材料获得晶体。他和他的学生丽莎·卡波夫（Liza Karpov）从嗜热栖热菌中纯化核糖体后获得了非常小的晶体，类似于柏林得到的第一个晶体。有了最初的成功，加伯问斯皮林是否愿意支持一个小组来尝试从这种新生物中结晶出核糖体。

图4.2　玛丽亚·加伯和她在俄罗斯普希诺的工作小组。马拉特·尤苏波夫位于右上方（由玛丽亚·加伯提供）

　　斯皮林同意了，还有好几个人加入了她的团队，其中最著名的是斯皮林的学生马拉特·尤苏波夫（Marat Yusupov）。由于他们都没有太多结晶专业知识，他们邀请莫斯科晶体研究所的弗拉基米尔·巴林宁（Vladimir Barynin）和谢尔盖·特拉汉诺夫（Sergei Trakhanov）来帮助他们。到1986年，他们既获得了小亚基的晶体，又有整个核糖体的结晶，使用的是特拉汉诺夫用来纯化核糖体的技巧，加上尤纳斯和维特曼共同努力而得的50S晶体，这意味着两个亚基和整个核糖体现在都已结晶。

　　尤苏波夫于1987年7月在法国斯特拉斯堡附近的比绍伯格的学术会议上以海报的形式展示了他们的研究结果，一个月后，该研究成果发表在了欧洲期刊《欧洲生物化学学会联合会简报》（*FEBS*

Letters）上。几个月后，尤纳斯和维特曼也发文称他们也有小亚基和完整核糖体的结晶，同样来源于俄罗斯人使用的嗜热栖热菌。这篇文章同样发表在晦涩的《国际生物化学》杂志上，就是几年前发表了最初晶体的杂志。次年，尤纳斯报道了小亚基（30S）的改良晶体，看起来至少与俄罗斯的晶体一样好。

这可能导致俄罗斯和德国集团之间的正面竞争，但事实并非如此。与德国人相比，俄罗斯人资金不足，装备不足，特别是在大分子晶体学上。为了进一步推进工作，马拉特·尤苏波夫和他的妻子古纳拉（Gulnara）前往斯特拉斯堡与让·皮埃尔-埃贝尔（Jean-Pierre Ebel）和迪诺·莫拉斯（Dino Moras）合作，继续核糖体晶体学研究。由于尤苏波夫也不清楚的原因，埃贝尔决定终止合作。从斯皮林的角度看，他认为尤纳斯和维特曼不鼓励埃贝尔与他们竞争。

无论出于什么原因，俄国人对完整核糖体结晶的工作热情渐渐冷却，玛丽亚·加伯回到了最初对单个核糖体蛋白和因子的兴趣。由于他们的努力受挫，一些俄罗斯的关键人物去到世界各地。几年后的20世纪90年代中期，尤苏波夫给加州大学圣克鲁斯分校的一位重要的核糖体生物化学家哈里·诺勒（Harry Noller）写信，要求在他的实验室研究核糖体的结构，我们会在之后介绍这个故事。谢尔盖·特拉汉诺夫过着颠沛流离的生活，20年间在日本和美国做着各种各样的工作。在尤苏波夫离开诺勒实验室后，谢尔盖也到诺勒实验室工作了一段时间，然后才回到欧洲。

随着俄罗斯人退出战场，尤纳斯领导的小组成了唯一从事核糖体晶体学研究的小组。到20世纪80年代末，已有的晶体还不足以揭示核糖体任一亚基的原子结构，更不用说整体了。但理论上讲，它们可以用来揭示一些蛋白质和RNA的组织方式。

不过，核糖体结构通过研究电子显微镜下的模糊图像而有所进展。其中一些工作涉及抗体，它们是由我们的免疫系统产生的蛋白质，可以与非常特定的靶标结合。在一个巧妙的实验中，吉姆·莱克（Jim Lake）制造了一种识别新合成的肽链初始位置的抗体。他来自加州大学洛杉矶分校，是使用电子显微镜研究核糖体的科学家之一。1982年，他证明了这些抗体附着在大亚基的背面，这与tRNA上新的氨基酸与不断增长的蛋白质链连接的位置相反。因此这个结果表明大亚基内部必定有一条隧道：一条产道，所有新制造的蛋白质链必须穿过它才能在另一侧出现。几年后的1986年，尼格尔·安文通过在电子显微镜下分析他的蜥蜴核糖体的二维晶体，也证实了该隧道的存在。次年，尤纳斯和维特曼也发表了通过电镜下分析核糖体晶体的二维截面发现隧道。这两个报告使用了模糊或低分辨率的结构，而且报道的结构中核糖体和隧道都与我们今天所知道的核糖体不太相似。如果莱克没有表明隧道存在的必然性，这两个小组应该都不会这么自信地将其电子图中的特征识别为新蛋白质链产生的隧道。

除了这些有限的结果外，研究进展缓慢。甚至在核糖体的第一个三维晶体产生的10年之后，我们还不清楚它们是否可以通过X射线晶体学产生任何有意义的图像。可以肯定的是，解析核糖体的原子结构似乎是白日梦。尽管如此，即使完全不清楚技术上是否可行，艾达·尤纳斯心中的梦想不灭，仍继续探索不同的物种和条件以改善其晶体。

第 5 章
前往晶体学的圣地

　　与此同时，20世纪80年代中期，我在布鲁克海文国家实验室变得越来越焦虑，不知道我所掌握的技术到底能有什么新的成果，它们永远不能产生足够详细的图像，用以理解核糖体的工作原理抑或染色质是如何组织的。幸运的是，在我到达布鲁克海文的几年之后，史蒂夫·怀特（Steve White）也入职了，他曾在柏林的维特曼部门工作。史蒂夫在伦敦东区的一个工人阶级社区中长大，他能从那儿走出来的可能性很低。但是他很聪明，幸运地在一所文法学校学习（这是一种由英国政府资助的根据11岁时的入学考试选择性录取的学校）。

　　毕业之后，他考入布里斯托大学，之后在牛津大学取得博士学位。他是一个善于交际又友善的人，和我糟糕的幽默感臭味相投，也像许多英国人一样喜欢和朋友喝啤酒，热爱各种体育运动。刚从柏林抵达时，他正与一位搬去费城的南印度女性交往，但这段经受了跨大西洋远距离考验的感情却未能幸存于费城到长岛这更短的距离。布鲁克海文的女性比例极低，如果你是一个单身汉，布鲁克海文不是找伴侣的合适地点，但他的英国口音、外向的性格和魅力让他在这工作期间桃花运不断。

在柏林的时候，不同于艾达·尤纳斯研究整个核糖体亚基，史蒂夫、基思·威尔逊（Keith Wilson）、克日什托夫·艾佩尔特（Krysztof Appelt）和其他人一起致力于更现实的目标：解决单个核糖体蛋白结构。从解决第一个蛋白质到第二个之间间隔了很久，还剩下48个蛋白质。但即便他们解析了所有蛋白质，类似于知晓了汽车的外围零件的模样，例如燃油管路或火花塞，却不知道它们如何在运行的车辆中装配在一起，而且，核糖体剩下的三分之二是RNA，仍然是完全未知的。不过有单个蛋白质的结构总比没有好。我想我们希望的是，这些结构能提供一些它们在核糖体中的位置和功能的线索，史蒂夫到这儿后很渴望推进这个项目。

史蒂夫是一位受过良好训练的晶体学家，对核糖体蛋白感兴趣，而我对如何分离核糖体并纯化其蛋白质了解很多，但根本不懂晶体学。考虑到我们对核糖体的共同兴趣，史蒂夫建议我们一起工作，我欣然接受，由此开始了长达15年的合作，这完全改变了我的生活。

最初，我使用耶鲁的巨型发酵罐培养了大量嗜热脂肪芽孢杆菌，这就是柏林小组从中获得第一个50S亚基晶体的细菌，史蒂夫和他的同事也从中结晶出了几种核糖体蛋白。但是在看到极其烦琐的提取过程而得到的纯蛋白质量却很少的时候，我觉得有必要开发新的方法。幸运的是我当时正处于合适的地点。我的同事比尔·斯图迪尔（Bill Studier）和约翰·邓恩（John Dunn）正忙于研究如何诱使标准大肠杆菌大量制造他们想要的任何蛋白质。他们使用一种被称为T7的噬菌体病毒攻击大肠杆菌时使用的特殊信号来完成此任务，这种信号能够诱骗细菌的元件为病毒制造蛋白，具体方法是将T7的特殊信号引入某个蛋白质基因的开头，这样就能促使大肠杆菌生产大量该蛋白。因此我告诉史蒂夫，我要去我们自己的系里休一段学术假来学习分子生物学的工具，他应该等我一段时间。

当时我的实验室有两名技术人员：苏・埃伦・格希曼（Sue Ellen Gerchman）和维托・格拉齐亚诺（Vito Graziano），几年后又有第三人海伦・基西亚（Helen Kycia）加入。在比尔和约翰的监护下，苏・埃伦（Sue Ellen）和我迅速克隆了史蒂夫・怀特和他的柏林同事结晶的所有蛋白质的基因。此后不久，我们生产了许多蛋白质，令人欣慰的是，这些大肠杆菌生产的经过基因工程处理或重组的蛋白质的结晶与从原本嗜热细菌的核糖体中直接提取纯化的蛋白质完全一样。

当时我还同时在研究染色质中的一种关键蛋白质，该蛋白质有助于将染色质浓缩成细丝并将其包进细胞核中。该蛋白质被称为连接组蛋白，中央核心区域叫作GH5。我想将其结晶，但苦于没有结晶的经验。史蒂夫说，"这很简单的，我来演示给你看。"

任何小学生都知道，盐或糖的溶液蒸发变干就会得到晶体。这是因为随着水分蒸发，盐或糖会急剧浓缩而不再溶解，析出的部分因分子堆积而形成晶体。但是，如果让蛋白质溶液蒸发，它们只会形成一团不规则的糊状，而不是晶体，因为它们又大又软，而且彼此之间堆叠的方式太多了。往牛奶中添加柠檬汁，蛋白质的迅速凝结就是这种情况。要诱使大分子蛋白质以晶体形式从溶液中出来，你必须非常缓慢地增加其浓度，从而使分子有机会和时间以有序排列的方式结晶。常规做法是将一滴蛋白质溶液与少量的沉淀剂（如酒精或盐）混合。然后将这滴溶液放在称为盖玻片的薄玻片上，并倒置在一个小孔上，该小孔中的溶液有更高浓度的盐、酒精或其他使蛋白质不溶的化合物溶液。水分子以蒸气的形式离开液滴，进入孔中的溶液，直到孔中和液滴中的盐浓度相同为止。蒸发而使水滴缓慢收缩时，沉淀剂和蛋白质的浓度提升，蛋白质变得不溶。如果这个过程足够缓慢，并且其他条件恰好合适，蛋白质将相互堆积形成规则晶体而从溶液中析出。当时，我们不得不手工进行所有操作；如今，机器人可以同时加载几千个试验孔，改变蛋白质溶液的组成来寻找产生晶体的最佳条件。

史蒂夫帮我尝试了几种不同的结晶方法，很快我们就获得了GH5晶体。同时，我们还生产称为S5的核糖体蛋白的晶体［前缀和数字表示它大约是"小（S）mall"亚基中的第五大蛋白质］。

获得了这些蛋白质的晶体后，我不想袖手旁观，只看着史蒂夫分析结构，我自己也学习，但我根本不懂晶体学，也不知道学习它会有多困难，更不用说成为领域专家了。史蒂夫宽慰我："凭你的物理学背景，你会发现这玩意儿容易得很。"这给了我勇气开始另一项尝试，但是具体该怎么做呢？

作为起步，我在冷泉港实验室（Cold Spring Harbor Laboratory）选修了晶体学速成课程，这个著名的实验室位于布鲁克海文以西不到50千米处，由吉姆·沃森（Jim Watson）领导。除了进行研究和组织会议之外，该实验室提供短期的专门课程，通常由世界知名的专家授讲，供科学家们学习新技术。1988年，冷泉港刚刚开设了一个新的为期两周的晶体学课程，我觉得这是快速掌握该方法基础知识的捷径。该课程由领域内一些最伟大的科学家授讲，某一天的空闲时间，我带他们中的一个，汉斯·戴森霍夫（Hans Deisenhofer）走了很长一段路去看泰迪·罗斯福（Teddy Roosevelt）位于实验室北数千米处的故居。汉斯穿着完全不合适的正装皮鞋，在回来的路上脚起了水泡。两天后，他可能就忘了疼痛，因为他获得了诺贝尔奖，奖励他确定了从阳光中吸收能量并将其转化为化学能的蛋白复合物的结构，这个化学反应是生命中最基本的反应之一。

一年后，我的部门正在考虑是否予以我终生教职，如果他们不给的话，我将失业，学习晶体学将是我最不需要担心的事。我发了几篇好论文，主要使用到了中子散射，但那时我已经得出如下结论，即该技术几乎不能产生与分子实际工作原理真正相关的信息。我的工作已经走到了尽头，而晶体学显然是真正的出路，几乎每个星期都有一些新的重要分子的原子结构发表，深刻改变了人类对该领域的理解。此外，在史蒂夫的帮助下我最初的冒险尝试以及我所学的课程激起了我的兴趣。

终生教职评选委员会对我的长期计划表示不满。我深吸了一口气，告诉他们，如果他们予以我终生教职，我将停止我中子散射的研究，然后马上休假一年去学习晶体学。我感到非常欣慰的是，他们认同这是一个好主意。几天后，系里的资深教授们碰了面，那天晚上，约翰·邓恩来到我家，递给我一根覆盖着铝箔的长条棍棒，说："欢迎成为终生教职的一员！"

当我开始考虑应该学术休假的时候，实际上脑中只有一个备选：剑桥的LMB。它是蛋白质晶体学的发源地，而剑桥是所有晶体学的发源地。我知道很多去那儿学术休假的美国人十分享受这段经历。就个人而言，薇拉和我极度嗜好英国文学和盎格鲁文化。我们虔诚地观看《杰作剧院》推荐的英国剧目，《巨蟒剧团》（Monty Python）中的古怪幽默更是特别对我胃口。

当时LMB的主任是结构生物学中一位举足轻重的人物亚伦·克勒格（Aaron Klug）。亚伦领导了解决tRNA结构的两个小组之一，另一个小组是由麻省理工学院（MIT）的亚历克斯·里奇（Alex Rich）和杜克大学的金圣浩（Sung-Hou Kim）合作领导。与其他高风险竞争一样，为了获得第一个tRNA结构的竞赛过程剑拔弩张。亚伦是罗莎琳德·富兰克林（Rosalind Franklin）的门生，乍一看可能会误认为伍迪·艾伦（Woody Allen）。他同时也是染色质结构研究的主导人物，我认为在他的实验室工作会很棒。因此，我鼓起勇气，写信给亚伦，说我已获得染色质聚缩的接头组蛋白结晶，所以想在学术休假期间来LMB学习结晶学，以便分析它的结构。写信时我没有期望他会对我这样的无名之辈感兴趣，当他在几周后回信鼓励我时我很惊喜，他还表示乐意赞助我获得古根海姆奖学金。有了奖学金和布鲁克海文提供的半薪，我已备全去英国待一年的准备。我不想让亚伦对在我身上下注而感到失望，因此我觉得应该备齐有份量的数据以便在休假期间学习分析。

尽管在冷泉港上了速成班，我还是不知道收集和处理数据的详细方法，这时候，另一位同事给了我援助。鲍勃·斯威特（Bob Sweet）在伊利诺伊州的小镇长大，之后去加州理工学院（Caltech）念本科，从威斯康星大学获得博士学位后，他像许多美国人一样去LMB做博士后，之后在加州大学洛杉矶分校（UCLA）担任了教员。像许多中西部人一样，鲍勃也特别喜欢英国文化，他在剑桥的经历更加深了这一点，表现在他经常使用英国惯用的词汇、语法和拼写。几年前，他和我在同一周到达布鲁克海文，一起在临时住房中待过。我第一次见到他时，他的胡须大而茂密，修剪细致，神似侦探波洛[1]。随着他顶上的头发日渐稀疏，胡须成了他更加突出的特征。有些人可能不喜欢他学究气的尖刻讽刺态度，但我发现他其实是一个体贴、热情、大方的人。之后我们成了好朋友。

鲍勃在布鲁克海文管理一种晶体学仪器，X射线同步加速器光束线。他把我带到自己管理的部门，亲自教授给我大量有关如何从晶体收集和处理数据的知识。他还使我对一项日后解决核糖体结构至关重要的晶体学技术产生了兴趣。自马克斯·佩鲁茨和约翰·肯德鲁30年前解决了第一个蛋白质结构以来，解决结构的主要方法就是先收集蛋白质晶体的数据，然后不断重复将不同的重原子化合物（如金或汞）浸入晶体，对比加重原子前后的数据差异来揭示这些原子的位置，并确定X射线反射的相位，通过相位和斑点强度的数据可以计算出晶体结构。获得蛋白质晶体的过程有很多不确定性，而获得这些重原子衍生物又带来了更多的不确定性。很多时候，浸泡重原子会破坏晶体的质量，或者它们根本没有与蛋白质结合。因此，重原子方法又被称为"浸泡后的祈祷"。但就在20世纪80年代后期，我开始进行晶体学研究的时候，一种被称为多波长异常衍射（MAD）的新方法获得了一些喜人的成果。

---

1. 译者注：赫尔克里·波洛是阿加莎·克里斯蒂所著系列侦探小说中的主角，胡须造型是他的外表重要特征之一。

　　荷兰晶体学家约翰内斯·比耶佛（Johannes Bijvoet）于1949年确立了MAD原理。它是基于一些原子可以吸收再重新发射X射线，而不是立即将其散射的原理。本来因为晶体的对称性，成对的衍射光斑间的强度应该完全相同，因为存在异常散射，实际上它们之间会存在微小差异。成对的对称光斑被称为费里德对（Friedel pair），它们之间的强度有异常散射造成的差异包含了相位信息，就像在晶体中添加重原子而产生的差异一样。通常，生物分子中的碳、氮或氧之类的原子没有太多的异常散射，因此这种差异通常太微小而没什么信息量。1980年，当时在海军研究实验室的韦恩·亨德里克森仅使用一个蛋白结构中存在的异常多的硫原子（来自一种氨基酸，半胱氨酸）的异常散射就解决了这个蛋白质的结构。

　　大约也在这个时候，同步加速器开始用于X射线晶体学。这些大型粒子加速器可以将电子加速到接近光速。电子在加速器中沿轨道绕行时发出非常强的X射线束，可用于衍射研究。斯坦福大学的基思·霍奇森（Keith Hodgson）和他的同事还意识到，使用同步加速器的一大好处是可以精确地选择X射线的波长，使用两个不同的波长收集数据，某些原子的散射会发生显著的变化。这两组数据集之间的差异就包含了特定原子的位置信息，之后就可以像重原子那样计算相位。此外，还可以选择这样做：只用一个波长将其设定为选定原子的异常散射特别大的。

　　韦恩·亨德里克森开发了一种不同于霍奇森的精妙做法来实现这个计算过程，还用它解决了一系列晶体结构。韦恩还提出了一个绝佳想法，即在细菌生长时，将蛋氨酸的硫原子替换成硒原子，使得细菌蛋白中的蛋氨酸都变成硒代蛋氨酸。有两个重要原因，一是硒的异常散射比硫的异常散射大得多；二是因为异常散射的峰值对应的X射线波长恰好是同步加速器非常容易取得的波长，约为1Å（即0.1纳米）。这使得该方法异常强大，原则上，任何具有足够数量蛋氨酸的蛋白质都可以用这种方法确定结构，直至今天，它仍是解析全新蛋白质结构的最常用方法之一。

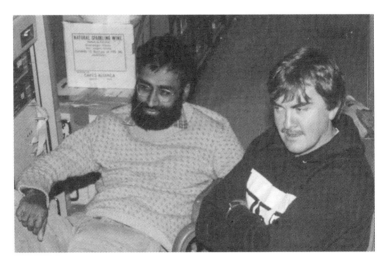

图5.1 作者和史蒂夫·怀特在布鲁克海文同步加速器旁观察数据（由Robert M. Sweet提供）

鲍勃想在布鲁克海文同步加速器上采用上述的方法，因此维托·格拉齐亚诺（Vito Graziano）用硒代蛋氨酸生产了GH5晶体，在鲍勃的帮助下，我们使用硒原子改变其散射特性的波长并仔细收集了数据。史蒂夫和我也用传统的将金化合物浸入晶体中的重原子法收集了S5的数据，但是是通过传统的重原子方法将金化合物浸入晶体中的。于是我手里有了两种蛋白质的完整数据，但不知道如何处理，是时候前往英格兰了。

1991年8月下旬，我和我的家人飞往英国，着陆之后，我租了一辆非常大的车，把我们四个人和所有的行李（包括3辆自行车）装在其中。纽约的长夜飞行之后，还得适应英国的左行开车，幸而我们一路毫无惊险地抵达了剑桥。当我们到达阿登布鲁（Addenbrooke）医院的时候，在迷宫般的单行道中我迷了路，只得询问路人MRC分子生物学实验室怎么走。令我惊讶的是，我开始询问的几个人居然都不知道这个举世闻名的实验室在哪里！这立即让我想起克里克的自传《狂热的追求》中提到的，他的出租车司机从未听说过卡文迪什实验室，尽管它在全世界的科学家心目中已享誉百年，但科学家的名声很小众。

亚伦指定了他的长期同事约翰·芬奇（John Finch）接待我。像亚伦一样，约翰也曾在罗莎琳德·富兰克林的实验室里工作，并在新的LMB大楼启用时与亚伦一起搬到了剑桥。刚到的时候，约翰告诉我，很不幸，他们暂时还没有找到一个供我工作的地方，我很天真地告诉他，我所需要的只是他实验室角落里的一张小桌子，约翰对此礼貌一笑。一天后我发现，这位世界著名的科学家在LMB也只有一张桌子和实验室工作台的一隅！

这在当时的LMB中稀松平常，许多资深科学家都没有自己的实验室，通常只是在共享的实验室或办公室里有一张办公桌。实验室异常拥挤，走廊上都堆有设备，几乎没有任何空余的空间。拥挤的办公室反而可能成就了LMB，因为它迫使人们彼此交谈并分享想法和技术。

我第一天去上班的时候是在上午9点左右到达的，大约一个半小时后，约翰过来问我要不要去食堂喝咖啡。我觉得我还什么都没做，所以拒绝了邀请，说我不喝咖啡。约翰再次给了我一个神秘的笑容，一位旁观的同事说："他还没有学会我们这儿的研究方法。"随着时间的流逝，我意识到这些定期休息的时间，一同吃饭或喝茶喝咖啡是科学家们在顶层著名的食堂里进行非正式交流的好机会，这个习俗已被许多研究所复制。人类每次真正集中精力只能维持几个小时，而这些短暂的休息让大家重新焕发了活力。这个食堂对于我一个初来乍到的访问学者来说特别棒，短时间内就结识了很多科学家，有些甚至成为终生益友。

在LMB的那一年让我认识到这个地方有多特殊，并且彻底改变了我的整个科学观。不出意外，世界各地的许多科学家也将其视为科学研究应如何进行的典范，即使他们并不总能说服自己的机构采用相同的模式。明显的例外是霍华德・休斯医学研究所的詹妮莉亚（Janelia）研究园区，该园区明确地以LMB和贝尔实验室的模式开展研究。我发现，与绝大多数地方不同，LMB几乎没有人在研究那种只是能做出可发表结果的常规问题。相反，他们试图提出自己领域中最有趣的问题，然后找出回答的方法。他们会互相问一个简单但很明确的问题："你为什么要研究这个问题？"另一个收获是，即使是像马克斯・佩鲁茨或亚伦・克勒格这样非常著名的科学家，也会在听报告中毫不掩饰地提出对于该领域内的研究者来说微不足道的问题。这让我意识到，我不应该为自己的无知而感到羞耻，不能因为觉得一个问题太愚蠢而不去提问、知晓答案。

第三个收获是，LMB的很多成果来源于缩小团队的规模，最好只有几个人。这迫使小组负责人能专注于最有趣的问题，自身参与或至少与实际工作保持密切联系。如今，许多著名教授往往倾向于组建20至30人的庞大团队，仅仅因为他们有这个能力，这对于教授自身来说益处颇多，但是对于接受培训的学生和博士后来说通常不是一个很好的环境，因为他们很可能被要求做一些不那么有趣的问题，也不能经常获得及时的指导。事实上，许多研究表明，这些庞大的团队，比起它们的花费来说生产效率比小团队要低。

我与亚伦的初次面谈中，他告诉我他认为GH5的结构本身并不那么有趣，并建议我做一些实验，使其与DNA结合。我真的很想立刻学习晶体学，但是由于对他声誉的敬畏，也害怕产生矛盾，我采纳了他的建议，并与他的博士后韦斯·桑德奎斯特（Wes Sundquist）共享一个实验室工作台。大约一个月后，我意识到这工作不太可能在我的学术休假期间完成（如果真有可能成功的话）。经过一番思想斗争，我告诉亚伦为什么我认为这个研究方向不太可行，并且我想集中精力用我带来的数据来解析这两种蛋白质的结构。令我惊讶的是，他欣然同意，而且这个举动反而让他对我刮目相看。韦斯兴趣盎然地看着我中途放弃的一个实验在那儿慢慢变干、积灰。

即使有时间，亚伦也无法教我如何解决晶体结构的细节，因为计算软件自他的时代起已经改朝换代。幸亏LMB是（至今仍是）我见过的最有合作精神的地方。保罗·麦克劳克林（Paul McLaughlin）等年轻的科学家以及安德鲁·莱斯利（Andrew Leslie）和菲尔·埃文斯（Phil Evans）等著名的晶体学家都带我去他们的部门，手把手地教会了我整套计算方法。很快我就能对着S5的详细图谱建立蛋白质的原子模型。

构建结构的兴奋感无法言说。在那之前，分子像是一个黑匣子：你知道它的存在，知道它的作用，但仅此而已。现在，突然之间，好像拉开了窗帘，你看到了这个分子闪耀的光辉，它的所有原子排列在那儿，肽链的每个折叠弯曲指出形成其独特的结构，暗示它的工作原理。

解析我的另一个蛋白质GH5结构却又有一番有趣的曲折之处。到目前为止，几乎所有使用MAD解决的结构都使用了韦恩·亨德里克森开发的详细方案。它采用一种复杂的记录方法来确保在不同波长下进行的相似测量有分开的记述，用起来非常麻烦。更重要的是，它采用了比标准晶体学程序里使用的更成熟的处理误差的方法。但是我们都认为这里需要更精确的处理，因为得到的信号太微弱了。一个典型的金或汞重原子约有80个电子，但是在MAD实验中，硒的散射特性从一个波长到另一个波长的变化是只有几个电子的差别。韦恩的方法会奏效简直是一个奇迹，因为几个电子在散射能力上的差异就像在整个结构中添加一个水分子一样，几乎不会产生任何影响。

使用韦恩的缜密方案，我获得了我觉得不错的GH5电子图并开始确定它的结构。有一天，菲尔·埃文斯从约克大学访问归来，他的朋友埃莉诺·多德森（Eleanor Dodson）提到一种解析标准重原子结构的新程序可能对解析MAD结构也很有用。我一开始也有些怀疑，但还是试了一下。令我惊讶的是，在几个小时内，我就得到了一张更好的密度图（map），我们用它来解析并发表了GH5的结构。论文发表后，几乎没有人再使用韦恩的程序，而是开始使用与之前解析重原子结构相同的软件来解析MAD结构。

　　来自MAD实验的信号那么小，为什么标准软件也能解决问题？我开始考虑这个问题，并随后意识到MAD即使基本信号很小也会工作，是因为实验中的误差更小。重要的不仅是信号的强度，更是数据中信号本身比误差或"噪声"大多少，也就是科学家常说的信噪比。在标准的重原子方法中，当你收集带有或不带有重原子的不同晶体的数据时，这两个晶体并不完全相同 —— 它们的形状也会略有不同。为了使它们的比较有意义，必须确保对造成差异的这些因素进行补偿，以使两组数据具有相同的尺度，这很难做到。另一个问题是添加重原子本身会改变结构的其余部分，这个问题被称为非同晶，这就意味着这两个数据集永远无法精确比较。使用MAD，则这些问题统统不存在。来自两个波长的衍射数据均来源于同一晶体，并且对称相关点之间的异常散射差异不仅是在同一晶体上测量的，而且还是在同一波长（通常在同一时间）被测量。因此，MAD实验中的信噪比很好，并且通常会生成质量更好的密度图，也更容易解析原子结构。

　　当时，我并没有完全意识到异常散射之强大。我也不知道它将在我的未来工作中扮演多么重要的角色。那个时候我只为自己在科学家面前没有丢份而欣喜。相反，我在剑桥的那年完全实现了我设立的目标，而且我解析的两个结构很快在《自然》杂志上发表。同时我还结交了很多朋友和人脉。那时我还没有意识到，我的学术休假彻底改变了我对科学的态度以及我研究核糖体的方式。当我从那儿回来时，我发现自己对于一步一个脚印渐进的科学进展不再满意，而是想解决该领域的重大问题。

第 6 章
原初迷雾中的诞生

　　学术休假期间，有两篇论文让我重新思考研究核糖体的方法。其中一篇回答了类似先有鸡还是先有蛋的问题，即核糖体到底是如何演变而成的。今天的所有生命依赖蛋白质引起的数千种反应，而核糖体这个产生蛋白质的基因编译器本身由很多蛋白质组成，那么核糖体究竟是如何从无到有的呢？克里克又一次展现了他的非凡洞见：1968 年的一篇经典论文中他提到，尽管核糖体含有许多蛋白质，但它的主体由 RNA 构成，这个事实让他震惊，究竟核糖体 RNA 的功能是什么呢？克里克提议，核糖体 RNA 和 tRNA 是"*蛋白质合成的原始机制的一部分*"，然后他说，"*很想知道原始核糖体是否可能完全由 RNA 构成*"。

　　问题在于，当克里克提出这个想法的时候，所有已知的酶，即每个细胞中进行生命必不可少的化学反应的生物分子就是各种蛋白质。诸如 DNA 或 RNA 之类的核酸充其量是被动的信息载体，没有丝毫证据表明 RNA 可以进行任何类型的化学反应，更不用说指导复杂的将基因翻译成蛋白质的过程了。那时候已发现其他涉及 DNA 和 RNA 的酶，诸如在细胞分裂过程中复制 DNA 的酶，或将 DNA 复制到信使 RNA 中的酶，它们都是由蛋白质组成的。

因此当时大部分人认为，核糖体RNA只是一种支架，用来悬挂各种蛋白质，而各个蛋白质会完成核糖体的许多工作中的一项，比如一种蛋白质可能帮助tRNA识别密码，另一种蛋白质可以帮助向不断增长的蛋白质链添加氨基酸，依此类推。这也可以解释为什么核糖体有那么多数量的蛋白质。

早期的抗生素研究支持这样一种观点，即蛋白质是核糖体重要任务的主要执行者。1950年以来人们就知道，许多抗生素的作用方式是阻断核糖体的作用。野村（Nomura）的研究表明对链霉素具有抗性的那些突变细菌是因为核糖体蛋白质发生了变化，其他核糖体蛋白质的改变也会相应改变核糖体对抗生素的反应。如果蛋白质的变化使得核糖体功能发生变化，那一定是因为它们有着重要的作用。

大部分科学家致力于研究蛋白质，少数几个对核糖体RNA产生了兴趣。哈里·诺勒就是其中之一，我有时开玩笑地将其称为圣克鲁斯圣人。他留着长发和胡须，通常穿着T恤和牛仔裤，外形看起来活像一个和缓的、抽着大麻的加利福尼亚嬉皮士。他还喜欢摩托车和古董法拉利（甚至他的计算机都以意大利赛车手的名字命名）。他天生的领袖气质和机智幽默让他在公开场合总被心怀崇敬的年轻科学家包围，就像摇滚明星周围的迷妹一般。在他众多的门生中不乏一群狂热粉丝，视他为核糖体的精神领袖。但在这一切的表象之下，他是一个严肃而雄心勃勃的科学家，坚持不懈地致力于核糖体的研究。

哈里是加州人，从伯克利拿到本科学位之后在俄勒冈大学拿到蛋白质化学博士学位，然后他也成了LMB的博士后研究员。在那里，在依安·哈里斯（Ieuan Harris）的领导下，他研究了一种与葡萄糖代谢有关的蛋白质。在自传体文章中，他描述了在剑桥一所学院的一个聚会上，当悉尼·布伦纳走到他身边，问他是谁以及他在做什么时，他有些恐慌。听到哈里回答正在研究甘油醛磷酸脱氢酶时，布伦纳脱口而出："太愚蠢了！如果您是蛋白质化学家，为什么不从事诸如核糖体这样的有趣研究呢？"事后看来这颇具讽刺意味，因为布伦纳在LMB的时候认为核糖体对自己来说还不够有趣。

一开始哈里因这种严厉的评价而受到巨大打击，但之后不久他做出了一个大胆的决定，他认为布伦纳是对的，并选择离开剑桥，同日内瓦大学的阿尔弗雷德·提西尔合作。他在那儿的时间与彼得·摩尔略有重叠，他们的欧洲经历相似，但顺序恰好相反，彼得·摩尔先去了日内瓦，然后再到剑桥。彼得说，哈里因蛋白质专业知识而被日内瓦大学雇用，以便他们纯化和鉴定所有核糖体蛋白。这个研究方向是当时的大势所趋。

当哈里回到加利福尼亚并在圣克鲁斯建立自己的实验室时，他做了一个重要的实验，彻底改变了他的生活。他和他的学生乔纳森·谢尔（Jonathan Chaires）表明，如果用一种名为乙氧丁酮醛（kethoxal）的化学物质改变小亚基中的核糖体RNA，它将不再与tRNA结合。这是核糖体RNA实际上可能具有重要功能的第一个线索。许多科学家可能只把这个当作有趣的实验而忽略了它的重要含义，但哈里不同，他继续跟进了实验并且成为终身的RNA生物学家。

20世纪80年代初期，两位科学家引发了学术地震，分别是科罗拉多大学的汤姆·切赫（Tom Cech）和耶鲁大学的悉尼·奥特曼（Sidney Altman）。切赫正在寻找一种酶，可以帮助一段RNA从更长的片段被切除下来，而他发现RNA自身就能进行自我切除，无须蛋白质的任何帮助。另一边，奥特曼正在研究可剪切某些RNA分子的一种酶的性质。这种酶本身是蛋白质和RNA的复合物，令他惊讶的是，他发现RNA可以自身进行剪切反应。因此，两组工作都表明RNA本身可以进行化学反应。由RNA组成的酶被称为核酶，以区别于较常见的蛋白质酶。尽管这些反应看起来很特殊，但它们对理解生命的起源有着重要提示。

生命起源是生物学遗留下来的巨大谜团之一。所有生命都需要某种形式的能量，并且在合适的化学环境中释放。有人指出，生命过程中许多化学反应类似于海洋中地热喷口边缘发生的那些化学反应。即使这可能只是有些人所谓的巧合，思考生命产生的恰当条件是很有用的。当然本质上，生命不仅仅是一组化学反应；它是一种存储和复制基因信息的能力，以便生命从原始向更复杂演化。按照这个标准，病毒也是一种生命，即使人们曾因为它需要宿主细胞繁殖而质疑过这一点。但是，任何因病毒生病，身体经历抵抗感染过程的人都不会怀疑病毒是一种生命。

问题在于，在几乎所有的生命形式中，DNA虽然携带遗传信息，但它本身是被动的，并且是由大量的蛋白质酶制造的，这不仅需要RNA，还需要核糖体来制造这些蛋白酶。而且，DNA中的糖——脱氧核糖——是由一个大而复杂的蛋白质将核糖转化而成，因此没有人能理解整个系统一开始是如何产生的。一些科学家，像拉霍亚（La-Jolla）

的索尔克研究所（Salk Institute）的克里克及莱斯利·奥尔格（Leslie Orgel），和伊利诺伊大学的卡尔·沃斯（Carl Woese）等在思考生命的起源时，认为生命可能始于RNA。当时，这只是纯粹的推测（几乎类似于科幻小说），因为还不知道RNA能够进行化学反应。

切赫和奥特曼的新发现改变了这一切。RNA既可像DNA那样以序列形式携带信息，又可以像蛋白质一样进行化学反应。我们现在知道，RNA的构成要素可以由可能存在于数十亿年前地球上的简单化学物质制成。因此，我们可以想象生命的起源过程：许多随机产生的RNA分子中的一些能够进行自我复制。一旦发生这种情况，进化和自然选择就可以制造出越来越复杂的分子，最终甚至变得像原始核糖体一样复杂。原初世界是RNA的想法 [由沃利·吉尔伯特（Wally Gilbert）首次提出] 已被广泛接受。

核糖体可能起源于一个以RNA为主的时代，但由于它能产生蛋白质，因此成了那尊特洛伊木马。事实证明，蛋白质比RNA在进行大部分反应时好得多，因为它们拥有的氨基酸比简单的RNA分子具有更多的化学变化。这意味着，随着蛋白质的产生，它们逐渐取代了RNA分子当时的大部分功能，也产生了很多新功能，这个过程改变了所有已知的生命。这也可以解释为什么尽管核糖体有很多RNA，复制DNA或者拷贝DNA到RNA的过程涉及的酶都是蛋白质。这可能是因为使用DNA来存储基因是后来才发生的事，而那时，蛋白质在环境中已经很普遍，已经在细胞中执行大多数反应。

当然，这并不能解释带有编码蛋白质的基因是如何产生的。最好的猜测是，早期的核糖体只能生产一些随机的短肽链，这个过程有助于改进当时的RNA酶。但是，基因是如何起源，如何携带特定顺序的氨基酸编码，来指导它们串联形成蛋白质的，这是一个巨大的知识飞跃，仍然是生命的重大奥秘之一。同时，这也意味着除了大的亚基外，许多其他元素也得同时存在：携带遗传密码的mRNA，携带氨基酸的tRNA和为mRNA和蛋白质提供结合平台的小亚基。但是在发现RNA的催化作用之前，人们甚至连该系统理论上如何起源都毫无头绪。

为什么RNA可以进行反应而DNA不行？这两个分子之间的主要区别只是RNA的核糖上的一个氧原子形成的一个羟基（OH）。我们现在知道，这种微小的差异使RNA分子不同部分的羟基团彼此键合，因此RNA可以折叠，并形成紧凑的三维形状（如蛋白质酶），因此而产生的凹槽进行化学反应。在切赫和奥特曼的发现之后，大家都意识到克里克提议的原始的核糖体完全由RNA构成是正确的。那么今天的核糖体呢？核糖体的重要功能是否像其他酶被蛋白质取代了呢？或者现在看来完全可能的另一种情形，核糖体RNA仍然履行其大部分重要功能呢？

与此同时，哈里继续从事核糖体RNA的研究。他不知道阻止tRNA结合核糖体的化学修饰发生的位置。实际上，当时还没有人知道核糖体RNA的序列。哈里取得初步成果后不久，LMB的弗雷德·桑格（Fred Sanger）研究出了如何对任何给定DNA片段中的碱基进行测序或确定其精确顺序，为此他第二次获得了诺贝尔奖（他是极少数得过两次的）。为此哈里短暂回到了剑桥，这次的目的是学习如何对DNA进行测序。哈里没有尝试直接对RNA进行测序（这仍然是一项艰巨的任务），而是使用桑格的方法通过对编码它的DNA进行测序来确定核糖体RNA的确切序列。来自30S和50S亚基的核糖体RNA分别被称为16S和23S RNA。

核糖体RNA测序本身非常重要：通过比较不同物种的序列，卡尔·沃斯和哈里可以弄清楚它们之间的亲缘关系，以及RNA分子折叠自身的方式，从而使分子的一部分与其他部分形成内部碱基对。内部碱基配对意味着核糖体RNA结构有很多小片段是双螺旋结构。最终，通过比较核糖体RNA序列，沃斯发现除了细菌和真核生物外，生命还有独特的第三域，称为古细菌。现在普遍认为，第一个真核生物是早期的细菌与古细菌结合形成的，其细胞具有细胞核（古细菌，像细菌一样，是原核生物，它们没有细胞核）。之后，真核生物逐渐演化出我们今天所见的包括人类在内的复杂的多细胞生物。

一旦获得核糖体RNA的序列，哈里就可以尝试寻找他使用的化学试剂到底修饰了RNA分子上的哪些位置。他采用了一种人们已经开发的技术来观察蛋白质在DNA上的结合位置。科学家们先将DNA暴露在会修饰它的化学物质中，然后再对蛋白质与DNA的结合体进行同样的操作。蛋白质将保护其与DNA结合的那些部分，因为化学物质无法到达那里。之后，他们可以比较有和没有蛋白质的情况下DNA中的修饰，两者的差异则可以大致告诉他们蛋白质在DNA分子上的结合位置或足迹。哈里和他的学生，最主要的是达内什·莫阿兹（Danesh Moazed），开始将这种"足迹法"应用于核糖体RNA，依次发现了核糖体RNA与tRNA分子和每种核糖体蛋白的结合位点。这项技术产生了很多有关核糖体内部如何结合的数据，但就像世界上几乎所有其他研究核糖体的实验室所进行的研究一样，它并没有在真正意义上告诉我们它们的组装方式，更不用提核糖体的具体运作方式。

用抗生素进行足迹法研究得到的结果更有趣。许多抗生素都能与核糖体结合，但是即使核糖体的蛋白质发生了基因突变而使核糖体对抗生素具有了抗性，抗生素自身并不能与任何核糖体蛋白质直接结合。通过足迹法，哈里证明每种抗生素都与核糖体RNA的特定位点结合。由于抗生素能阻止细菌核糖体的工作，那么显然核糖体RNA一定起着很重要的作用。由于切赫和奥特曼发现RNA可以进行化学反应，哈里在抗生素方面的工作，领域内迅速达成一致，认为核糖体RNA在核糖体中起着重要，且可能是核心的作用。

不管怎么说，经过很长一段时间后，核糖体研究再次变得有趣起来。彼得·摩尔于1988年在《自然》杂志上发表过一篇预言性文章，叫作"核糖体的回归"，其中写道，"生物化学中的潮流来回往复。长期被忽视的核糖体因为RNA也有酶的作用而重新引起人们的兴趣"。连他都没有预料到核糖体会几乎以复仇者的姿态闪亮回归。

1992年我的学术休假即将结束时，哈里在《科学》上的一篇论文让人兴奋不已。他试图解决一个问题，即核糖体的RNA部分是否可以进行核糖体的一个关键反应，叫作肽基转移，也就是将两个氨基酸结合在一起形成肽键的过程。换句话说，核糖体是核酶吗？他从黄石国家公园温泉中生长的一种栖热菌中提取了它的50S亚基，然后用蛋白酶将亚基中的蛋白质消化降解成碎片，最后，他尽可能地去除了剩余的蛋白质片段。处理后产生的亚基几乎完全由RNA组成，而它们仍能促成肽基转移反应。

　　哈里的论文在全领域科学家中引起了极大的反响，不过这个结果对于研究核糖体的群体来说并不算是一个大惊喜。而且结论也不那么确定，尽管哈里费劲费力地消化并除去50S亚基中的蛋白质，他的50S颗粒中仍然有很多蛋白质碎片，甚至还有一些完整蛋白质。因此，该反应仍然可能是由一种蛋白质或蛋白质的一个片段主导的。当哈里用另一种方法完全去除所有蛋白质时，这些颗粒不再具有活性。这个操作流程不适用于大部分人研究的大肠杆菌。哈里本人用他相当谨慎的标题"肽基转移酶对蛋白质抽取程序的异常抗性"隐晦地承认了他工作的局限性。几年后的1998年，日本的一个小组认为他们成功地制备了可以进行反应的纯化核糖体RNA，但是大张旗鼓地在《科学》杂志上发表之后，他们发现了工作中的缺陷，并于一年后撤回了论文。

　　显然，经过40年化学方法的尝试来解决核糖体已经不够用了，急需其他领域的方法。在同一份经典论文中，克里克除了提议早期的核糖体可能完全由RNA组成，他还说："如果不能清楚知晓现今的核糖体结构细节，就很难做出有根据的猜测。"

第 7 章
跨越第一道门槛

除了哈里·诺勒在《科学》杂志上的论文之外，另一篇在我学术休假期间给我留下深刻印象的论文是1991年艾达·尤纳斯撰写的一篇简报，阐述了她对于一个大亚基晶体的重大改进。从理论上讲，这是晶体学家第一次得到质量好到可以解析核糖体整个亚基的原子结构的晶体，其中大亚基有数十万个原子。第一道门槛跨过去了。要了解什么叫"足够好"的结晶，我们得花些时间来解释。

到目前为止，我们假定晶体是由分子以相同的方式堆叠成三维堆栈（也称为晶格）形成的。这种情况对于像蛋白质这样的大分子来说其实很少发生。在结晶过程中，新的蛋白质分子会不断补充到扩张中的晶格上，但由于它又大又软，因此相邻分子之间的取向并不完全相同，而最终所得的图像是由晶体中数百万个分子的贡献相加的结果。如果所有分子在晶体中的位置稍有不同，它们叠加的结果就会让图像模糊，差异好比拍摄两张不同的多重曝光照片，一张是岩石这样静止不动的物体，另一张是不能保持固定姿势的人物照。

晶体的好坏并不取决于它的外观是否漂亮，而是取决于它对X射线的衍射程度。正如我在第3章中指出的那样，分辨率告诉我们两个

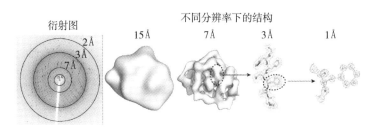

图7.1 不同分辨率下看到的衍射图和结构特征

仍能被区分的特征之间的最小距离。在实践中,可以通过观察X射线光斑从入射光束方向延伸的角度来判断晶体的分辨率如何。

最差的晶体在入射X射线束照射后只产生几个衍射点分布在射线周围。如果用这种晶体来解析结构,只能得到一个几乎没有任何细节的球状物体,只能对其整体形状有个大概的了解。质量中等的晶体,其产生的数据分辨率为5~7Å(1Å=10⁻¹⁰米),你可以看到蛋白质、DNA或RNA的一些特征。例如,你刚刚好可以看到DNA或RNA螺旋中的凹槽,许多蛋白质上较窄的单链 α 螺旋看起来像细管。在衍射良好的晶体中,可以看到高角度的衍射斑点,直达X射线波长所能到达的理论极限(我们看不到比X射线一半波长的距离更近的特征)。在此限制下通过解析结构得到的电子图可以分辨单个原子为不同的球体。对于像盐这样的简单分子,这个情况很常见,因为只有几个原子,并且在晶体中具有完全相同的取向。但即使是小分子蛋白质,几乎也不会像小分子那样可以达到1Å的分辨率,而且随着分子变得更大、更松垮,衍射到非常高分辨率的晶体更难制备。在实践中,这意味着衍射点在较高角度时变得越来越弱,直至消失。因此,精细的细节信息会丢失,因为晶体中分子排列不够有序。观察到的衍射点角度越高,能从数据中获得的结构分辨率就越高，因此晶体学家通常直接说晶体的分辨率，甚至是特定衍射点的分辨率。

即使分辨率提高到3.5Å以上，你仍然无法看到单个原子（为此，分辨率要优于1Å）。但是你可以获得原子结构，因为这个分辨率已经可以开始看到氨基酸和碱基的形状特征了。在蛋白质中，氨基酸的形状有大而扁平，有细长，有粗短。如果你知道这些形状出现的顺序，就可以将这些氨基酸形成的蛋白质链代入这些形状，就像解决大型3D拼图游戏一样。同样地，在DNA或RNA中，碱基T（或U）和C比较小，碱基A和G比较大。因此，即使你看不清单个原子，也可以在这些电子图中"构建"出有原子细节的化学结构。如果序列中相邻之间存在彼此形状非常相似的氨基酸，那么仍然可能会犯错，因为与你在商店购买的拼图玩具不同，三维图谱中的形状由于数据中的误差而并不完美。此外，与拼图游戏不同，误差产生的问题是三维而非二维的，玩具盒子的正面没有方便的解决方案。

因此，大约3.5Å的阈值是人们试图获取晶体的目标：任何比之更高的分辨率都意味着你很有可能解决原子结构，而低于4Å的分辨率则意味着除非你已经知道分子大概的样子，否则很难解析原子层面结构。

最初的核糖体晶体质量很差，几乎不会产生任何衍射斑点。艾达·尤纳斯并没有因此而灰心，尽管当时没有明晰的前景能够得到晶体，她仍与她的长期合作人弗朗索瓦·弗朗西斯（Francois Franceschi）在柏林研究所系统化地努力产出更好的晶体，后者负责监督结晶中的生化流程。艾达当时还在以色列魏兹曼研究所的实验室中开展部分工作。当时，以色列的许多科学家都在寻找当地的新物种，描述生物多样性，并发现了一种名为滨海盐藻（*Haloarcula marismortui*）的微生物，正如其名字 *marismortui* 暗示的那样（字面意思是"死的海"），它生长在盐度极高的死海中。因为它生长在盐分很高的环境中，而不是在很高的温度下，所以它代表了另一种极端微生物（即在极端条件下生长的生物）。后来，事实证明，嗜盐盒菌属（*Haloarcula*）不是细菌而是古细菌，它的核糖体更复杂，程度上介于细菌和真核生物之间。艾达认为其核糖体值得尝试结晶，而它的大亚基产生的晶体质量比其他任何物种都要好。最初，它们的分辨率不足以产生原子结构，但通过修改晶体的生长条件，艾达的团队对其改进了很多。

除了获得良好的晶体外，从晶体中实际收集数据还存在一个主要问题：许多蛋白质的晶体，尤其是如核糖体这样大分子的晶体会在收集数据之前就被 X 射线破坏了。收集的过程通常是在 X 射线束中旋转晶体并拍摄一系列快照，通过探测器测量散射的 X 射线。在每个方向上，晶体的某些平面将满足布拉格定律，并在某些方向上产生斑点。收集所有方向上可能出现的斑点，获得的完整数据集可以用于计算结构。

核糖体晶体特别难以研究，因为它们的衍射斑非常弱。这是因为分子越大，任何给定大小的晶体中存在的分子数量越少。由于斑点的强度与分子数量（因为斑点是各个分子加和的结果）和晶体本身的质量都有关系，核糖体晶体的衍射点受到这双重障碍，比典型的蛋白质晶体都弱得多，更不用说盐晶体了。要完全看清它们，晶体必须长时间暴露于强度很大的X射线束中。照射期间X射线会损坏分子并在晶体中产生混乱，导致分子部分破裂，或者它们的内部结构发生变化，又或者分子不再精确地位于与最初相同的方向上。更糟的是，最初的损害过程会产生自由基，而这些自由基会散布在整个晶体中，并造成更大的破坏。对于大型晶体，你通常可以直观地看到X射线损坏晶体的位置，因为被X射线损坏而产生的自由基通常具有浅浅的但与众不同的颜色。最终的结果是，在实验过程中，晶体的分辨率会随时间下降——分辨率的损耗是直接可见的，因为随着晶体受到X射线辐射，高角度的衍射点逐渐变淡直至消失。

晶体学家将这种规律的结构排列和分辨率的损耗视为蛋白质晶体的死亡，称之为晶体在光束中"死去"。对于较小蛋白质的晶体，可以从同一个晶体中收集所有数据，或者在它们开始因辐射损坏而消亡的时候切换到新晶体，直到收集完所有数据为止。而核糖体晶体消亡之前，你甚至无法完成收集第一个衍射图像的工作。不仅如此，你甚至无法知道晶体是否具有足够好的分辨率，因为在第一个快照完成之前，这些斑点可能已经因辐射损伤而消失了。

某个时候开始，科学家意识到冷却晶体会减慢X射线产生的自由基的扩散，从而减慢破坏的速度。戴维·哈斯（David Haas）进入普渡大学迈克尔·罗斯曼（Michael Rossmann）的实验室后，第一个证实了此方法的有效性。他曾是以色列魏兹曼研究所的博士后。罗斯曼则与他这一代人一样，也从LMB起家，在那里他与马克斯·佩鲁茨合作完成了第一个血红蛋白结构。之后，他去了普渡大学，在那里度过了一生，现在是举世闻名的结构生物学家[1]。即使现在他已80多岁，仍然指导着异常活跃的研究团队，而且精力充沛，据说他比许多年轻的博士后和学生爬山速度更快。哈斯和罗斯曼决定将酶的晶体冷却到负75摄氏度之后，注意到蛋白质晶体的X射线衍射点因辐射损伤的消失速度变得慢得多。

但是在大多数情况下，仅将晶体冷却至低温是行不通的。蛋白质晶体大约一半是水，这就是为什么即使它们通常看起来很规则且具有清晰的表面和边缘，但是如果用针戳它们，它们就会像果冻一样变软或像奶酪那样变成碎渣。请记住，蛋白质是不规则的分子，当它们相互堆积时，它们仅在几个点上相互接触，并且它们之间有大量的水分子形成的通道。因此，当你将晶体冷却至极低的温度时，通道中的水会因冻结而膨胀并最终破坏晶体的分子排列顺序。当时在麻省理工学院的格雷格·佩茨科（Greg Petsko）找到了解决方法，即用防冻剂等替代晶体中的水性溶剂。在某些情况下，这能保留晶体中的排列顺序，使他可以在低温下收集数据，同罗斯曼早先注意到的那样，低温下几乎看不到室温下惯常所见的辐射损伤。

奇怪的是这些方法直到后来才流行起来，也许是因为它们不具有普适性，因此，如果不是万不得已就不会有人尝试。与此同时，电子显微镜照射的样品也受到电子辐照的损害，因此电镜学家也开始对低温下观察样品感兴趣。在海德堡的EMBL实验室工作的雅克·杜伯谢特（Jacques Dubochet）发现，如果他将样品迅速放入液态乙烷中，水将极速冷却，速度太快以至于水分子没有时间像冰中那样排列，水

---

1. 2019年去世——译注。

会玻璃化或变成玻璃状，从而使生物分子保持其原始状态。

　　与此同时，来自加州大学戴维斯分校的挪威人霍康·霍普（Håkon Hope）一直在收集几种小的在室温下对氧化敏感的有机分子的数据。也许是受杜伯谢特（Dubochet）和其他电子显微镜学家的影响，他想到了先给他的晶体裹上一层油，然后迅速将其浸入液态丙烷中的想法，如他所愿，晶体维持了原先的秩序。尽管现在我们通常将这一过程称为"冷冻"，描述晶体的状态为"冻结"状态，但要时刻牢记，该方法能工作的原因恰恰是因为晶体中的水不会冻结而是玻璃化。

图7.2　乔尔·萨斯曼，费利克斯·弗洛和霍康·霍普在魏兹曼研究所进行早期晶体冷却实验（由乔尔·萨斯曼提供）

　　霍康访问以色列魏兹曼研究所期间遇到了乔尔·萨斯曼（Joel Sussman），乔尔问他是否可以尝试将霍康的方法应用于生物分子。霍康回去之后在两种非常小的蛋白质上实验了这种方法。之后他又回到了魏兹曼研究所，与乔尔及其助手费利克斯·弗洛（Felix Frolow）合作，改进该方法，使其更具通用性。他们尝试应用的首批晶体之一是乔尔的学生里莫尔·约书亚-托（Leemor Joshua-Tor）正在研究的DNA晶体。在初试取得成功之后，他们又成功尝试了其他几个项目。

尽管那时艾达在德国的业务规模较大，她仍在魏兹曼研究所管理一个实验室。有段时间，霍康和乔尔实验室中的其他人鼓励艾达尝试他的晶体冷却方法，以帮助她解决从核糖体晶体收集数据的问题。最初她对此表示怀疑，但决定尝试一下。用核糖体晶体进行操作并不是那么简单，因为它们需要同步加速器发出非常强的X射线，而同步加速器光束线上的冷却设备在当时并不是标准的类型。最终，艾达和霍康安排时间在斯坦福同步加速器辐射光源站收集数据，该光源站距离霍康在戴维斯的实验室只有几个小时的路程。霍康将自带的冷却设备放在自己的汽车上，开车去斯坦福大学进行安装。据他介绍，第一个冷冻实验效果很好，他们可以看到一个很好的衍射图样，上面有很多斑点。接下来的十几次尝试失败了，但是第一次的成功尝试让他们确信这个方法可行，因此他们一直坚持下去，直到该技术更加可靠地工作为止。该方法适用于核糖体晶体后，艾达成为冷却技术的虔诚推广者，该技术被称为冷冻晶体学。

尽管取得了成功，该方法的广泛推广仍需要花费一段时间，因为他们的原始方法需要极其细心地将通常小于十分之一毫米长的晶体夹在两个粘贴在销钉末端的细小的石英片之间。几年后的1990年，康奈尔大学的邓祖仪（音译）（Tsu-Yi Teng）发明了一种简单的操作，方法是从用销钉的末端形成的一个微小的柔性环从晶体滴中捞出一个晶体，并利用表面张力将其固定在环中。

　　事实证明，这个方法甚至比将晶体安装在狭窄毛细管中的旧方法还要简单得多，之后所有的冷冻晶体学研究都采用了这种方法。通常在科学研究中，仅仅说明某个方法更好是不够的，它还必须易于使用。

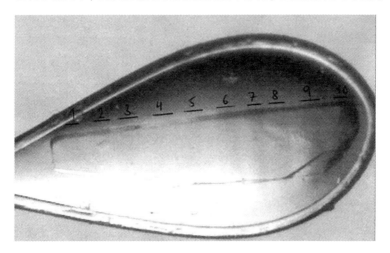

条纹显示已暴露于X射线束的区域。晶体长度约为0.3毫米，宽度小于0.1毫米。

图7.3　在柔性环中冷却的30S核糖体亚基的晶体

　　H. marismortui 的50S亚基原始晶体明显优于之前取得的任何结晶，通过系统地调整条件以改善晶体质量和冷却晶体，艾达和她的同事现在可以看到3Å分辨率下的衍射点。这远高于构建原子结构所需的阈值。当结果发表在《分子生物学杂志》上时，我才开始学术休假，并立刻意识到这是一个重要的里程碑。光是想象获得大亚基的原子结构成为一种可能就已足够让人兴奋。

　　不利的事实是，在1991年前后，核糖体亚基甚至整个核糖体的晶体已经出现好几年了，即使它们不能衍射到如此高的分辨率，它们仍然应该能够产生足够详细的图谱，至少可以大致看到各个蛋白质和RNA的位置。但是，并没有这样的图出现。核糖体对于晶体学来说可能太大了。尽管如此，艾达小组在1991年发表的论文还是让我在学术休假期间认真思考。我开始想知道，既然她的晶体衍射分辨率如此之高，她接下来会怎么做。

我很快就要去看研究的发展方向了。每隔几年，核糖体研究领域就会在世界各地聚会通报各自的研究进展。下一次会议将在柏林举行，时间就在我学术休假结束不久之后。这次会议有些伤感，因为促使柏林成为核糖体研究中心而做出巨大贡献的维特曼在前一年突然去世，他的同事克努德·尼尔豪斯（Knud Nierhaus）接管了会议的组织工作。

尽管我在休假期间解析的蛋白质S5只是核糖体的一小块，但它是核糖体上出现的第一个有原子结构的部分。我以前从未参加过核糖体学术会议，因此史蒂夫·怀特慷慨地同意让我做一个报告。这次会议没有给我留下深刻的印象，当然整个核糖体的结构似乎也没有比我已经读过的有大的进步。

从休假返回布鲁克海文时，我隐约感到不满意。在LMB待了一年之后，对比是惊人的。奇怪的是，在某种程度上，布鲁克海文与LMB十分相似：科学家们以小组形式工作，自己进行实验而不是仅仅管理团队，并且能源部（DOE）稳定地提供研究经费。但是，能源部的官僚们对在生物学上取得真正突破的小型科研团队不感冒。即使他们有些是科学家，他们通常来自物理学背景，并将国家实验室视为建设大型设施的地方，例如大型粒子加速器或反应堆。这导致的结果是，我发现真正产生高质量科学成果的生物学系研究经费逐渐缩减，使得机构很难吸引保持活力所需的新鲜血液。

回国几个月后，我写信给当时的LMB结构研究部负责人理查德·亨德森，跟他说我非常喜欢在LMB的学术休假，我想知道他们是否有一个适合我的固定职位。他回答说，我在那里的时候他们所有人都很喜欢我，虽然他们都想我能成为同事，但他们目前没有空缺职位，尽管如此，我仍应该保持联系。我认为这是礼貌的拒绝。

大约在这段时间里，在剑桥休假期间同一间实验室工作过的韦斯·桑德奎斯特邀请我去盐湖城，他刚刚获得在盐湖城的犹他大学教职。他们有一群极富热情的年轻教授和一些年长的知名教授，校园被风景秀丽的群山环绕。因此，当他们在我访问后询问我是否对去那里任职感兴趣时，我对这种可能性感到非常兴奋。

一时间又出现了另外两个职位，但考虑到人员和环境，我觉得犹他大学是我的不二选择。他们给我的工资比我在布鲁克海文要高出50％，这让我有些不安，因为我认为我无法证明这种薪水是合理的。在我答应前往之后不久，我对研究经费的焦虑开始了。在布鲁克海文，即使你没有任何外部基金，他们也会支付你的薪水，并给你足够的钱雇用一两个技术人员一起进行研究。而在大学里，你将完全依赖于联邦政府的经费，关于失去经费而导致我的事业走下坡路这样的噩梦不断。所以我打电话给犹他大学系主席达纳·卡洛尔（Dana Carroll）说我很抱歉但是我不能来了，访问期间他对我异常热情友好，我的决定让他很不开心。

此后不久，继续待在布鲁克海文的严峻感越来越强。除了能源部给系里的钱越来越少的问题之外，薇拉和我都不喜欢住在长岛，去哪儿都得开车，还得应对炎热的夏季和寒冷潮湿的冬天，这使我的哮喘病恶化。满怀悔意的我再次打电话给达纳，问："我能再改变主意吗？"他客气地答应了，但尖锐地说他这次不会再"上蹿下跳了"。

我最初犹豫的一个原因是，一个微小的想法在我脑海中慢慢形成，但它如此冒险以至于我想要等自己的个人情况足够稳定的时候才有胆量去解决它。在休假期间，我使用 MAD 方法解析了 GH5 的结构，并惊讶于硒原子如此小的异常散射信号可以产生如此漂亮的图谱。那么能不能使用 MAD 解决像一个核糖体这样巨大的分子呢？事实证明，核糖体没有太多蛋氨酸，因此信号可能太低。

但是率先使用硒代蛋氨酸的韦恩·亨德里克森也曾在另一种结构中使用了另一种替代原子。当他在 MAD 中使用钬原子去解析蛋白质结构时，他的图好到壮观，原因是钬和其他镧系元素在特定波长下具有更大的异常散射。那么我们可以使用其中一种镧系元素来解析核糖体吗？计算之后我发现，只需要十几个这类原子与核糖体亚基结合，就可以获得和已经使用 MAD 解析的典型蛋白质差不多级别的信号。而我知道很多镧系元素原子会在十几个地方与核糖体结合，因为最近有一篇论文论证了这一点。

我几乎无法控制自己。这可能是一颗秘密的子弹，它将为我提供解析诸如核糖体亚基甚至整个核糖体之类结构的途径。我多次进行重新计算，以确保没有自我欺骗，但是答案始终是一样的。如果我有足够好的晶体，那么只需要十几个与核糖体亚基结合的金属原子我就能得到它的结构。

当我在琢磨这个想法时，我想起了与艾达的助理弗朗索瓦·弗朗西斯的相遇。弗朗索瓦·弗朗西斯是科西嘉血统的委内瑞拉人，我是在柏林会议上第一次见到他的。弗朗索瓦非常友好，带着史蒂夫·怀特和我一起去他的实验室参观，那是位于达勒姆（Dahlem）的马克斯·普朗克研究所维特曼旧部门的实验室，地处西柏林的一个豪华地区，战争之前这里有许多著名的科学研究机构。史蒂夫来布鲁克海文之前曾在同一研究所工作。在我们的聊天中，弗朗索瓦告诉我，每隔几年委员会就会审查他们的工作进展，最新的反馈是他们的研究方向太过分散，如今既然有了50S亚基的良好晶体，就应该专注于50S亚基的工作。

记起这次谈话时，我意识到还没有人专注于小亚基或整个核糖体，到目前为止它们都没有产生足够好的晶体。我以为研究整个核糖体还为时过早，但是30S的小亚基（结合mRNA，帮助阅读遗传密码）只有50S体积的一半，似乎是更好的选择。突然间，我感到有机会进入高一级的梯队。但一切还要等我从住了12年的布鲁克海文搬去犹他州之后才能展开。与此同时，还有另一个核糖体会议要参加。

第 8 章
竞赛开始

　　1995 年是一道分水岭，对于核糖体和我来说皆是如此。我原计划于当年秋天移居犹他州，所以我决定在前往不列颠哥伦比亚省首府维多利亚的途中在盐湖城稍作停留，下一次核糖体会议将在维多利亚举行。我和薇拉利用这段时间在盐湖城看房子，并最终选定位于山脚下的一处房子，可欣赏山谷的壮丽景色。之后，我们去奥林匹克半岛的霍雨林（Hoh rainforest）中背包旅行了几天，从那里乘渡轮到维多利亚，维多利亚就在温哥华岛南端的海峡对面。维多利亚是一个风景如画的迷人城市，英式建筑和环境布局留存殖民时代的遗迹。就在我们会议期间，场外正举行热闹的大型游行庆祝维多利亚女王生日。

　　会议上出现了一个令人激动的进展和一个令人惊讶的失望。令人兴奋的进展是通过电子显微镜看到了核糖体的三维图像。该方法长期以来一直用于观测核糖体并推断其总体形状。但是最近，研究人员开始将一种称为"单粒子重构"的方法应用于核糖体这样不对称的分子；在此之前，该方法仅用于研究病毒等常规对象。生物分子的对比度非常低——它们在 X 射线或电子中的散射与它们所溶于的水的散射非常相似。因此，之前的电子显微镜工作需要用重原子（如铀）涂覆颗粒，并在基本上干燥的状态下对其进行观察。而且充其量你只能看到其表面形状，还可能会因样品变干而变形，并且细节水平很低。如果不用重原子涂覆的话，尽管对比度低，但如果你可以从颗粒中获得足够多的信号，电子显微镜也可能探究内部结构。理查德·亨德森和奈杰尔·安文曾在二维晶体上尝试，尚不清楚是否可以从单个不对称颗粒中提取足够的信号。但是雅克·杜伯谢特的工作让我们可以通过将样品迅速浸入乙烷中来观察低温下的生物分子。就像X射线一样，在低温下电子显微镜对分子的损坏也会减慢，因此可以将样品暴露于更高剂量的电子下，甚至可以观察不涂覆的单个生物分子。

该领域的先驱之一是约阿希姆·弗兰克（Joachim Frank），他是一位德国科学家，多年来一直在奥尔巴尼的沃兹沃思（Wadsworth）中心相对孤立地工作，他的实验室位于一栋大型政府大楼的地下室。他是一个身材高大、彬彬有礼、有点内向的人，对艺术和文学有着浓厚的热爱（他甚至喜欢写小说和诗歌），他好像有些不安全感，也许是因为和我一样，他的职业生涯大部分时间并不在重要的科学中心铺就的快速通道上。当时他正在研发新方法，试图从生物分子产生的嘈杂图像中提取有效信号。

在1980年前后的某个时候，荷兰显微学家马林·范·海尔（Marin van Heel）加入他的团队，他的外向和豪放的性格与约阿希姆形成了鲜明的对比。马林在奥尔巴尼与约阿希姆合作后不久就离开了，很明显这个小镇对他们两个人来说太小了。不论其他因素如何，单就他俩截然相反的个性就不利于长期和友好的科学合作。马林最终去了柏林的维特曼研究所，但在奥尔巴尼短暂的工作期间，他和约阿希姆发表了一篇关键论文，演示如何提取有效信息，即获取一系列噪声较大的显微镜图像的不同二维投影,并将这些投影分成不同的组,对应不同的分子视角。从这一突破中,他们两分别着手开发获得三维结构的方法。

　　约阿希姆在会议上展示的核糖体图像是我们见过的最详细的图像。第一次,我们可以直接看到贴在亚基之间 tRNA 和位于小亚基裂口中逶迤行进的 mRNA。但它们的分辨率仍然太低,无法推断出原子结构,甚至无法看到核糖体中各种蛋白质和 RNA 的排列方式。它们看起来像是构成整体形状的小液滴集合,以至于我们这些致力于获得原子结构的晶体学家将这种方法严厉地称为"液滴生物学"(blobology)。

　　相比之下,晶体学的进展令人失望。我们中的许多人都想知道,艾达对她 5 年前生产的绝佳质量的大亚基晶体做了什么。她报告说,她终于利用重原子获得了晶体的相位,并且解析了 7Å 分辨率的图。在这种分辨率下,RNA 双螺旋所带的凹槽应该能够看得见。单个蛋白质,特别是我们已经分别解析的蛋白质,也变得可以识别,并且可以看到一些它们的结构元素,例如螺旋。但是艾达的三维图谱似乎根本没有可识别的特征。

　　听众主要由核糖体生物化学家和遗传学家组成,不知道从中能得出什么结论。这类专门会议的作用,不仅可以让我们听到最新的前沿研究成果,也能让科学家们在这里提出自己的质疑并相互辩论。这种坦诚的互相给予与获取(即使有时会很激烈)是科学发展的助力。因此在提问环节时,我举手问道:"我至少知道两个 7Å 分辨率的重要结构。第一个是细菌视紫红质,其中的蛋白质螺旋可以看出细管的形状,第二个是核小体，结构中可以清楚地看到DNA双螺旋的凹槽。既然我们知道核糖体这两者兼有，为什么在您的图上看不到它们呢？进一步说，您知不知道核小体的第一个结构图长什么样？"

在给定的分辨率下，我们应该看到的特征不应取决于对象的大小或复杂性，但是既然我已经给出了我的意见，就不想再继续争论。这一小节会议结束后，我与彼得·摩尔、哈里·诺勒和其他一些人站在一起。哈里一脸沉思状，问我们问题出在哪里。我们都同意，这其中似乎有些严重错误。

会议的报告通常会集合成一本书，而艾达的一章则冠以宏大的标题，"核糖体晶体学的一个里程碑"。我想这个结果离磨石[1]更接近些，至少核心的一部分结果是错误的，即分子在晶格中的排列方式，了解这一点是计算相位和结构的先决条件。当时我们还不知道，但是事后看来，这种错误可能是艾达在维多利亚报告的结构图没什么信息量的原因之一。

离开会议后，我决定与其给会议报告贡献章节，不如抓住机会做出下一个真正的突破。没有意料到的是，彼得和哈里也得出了相同的结论。没有人在会议上互相说什么，但我们所有人回去后都开始发展核糖体晶体学的不同方面。就像电影《疯狂世界》中的开场场景，在一场车祸后，一位老人告诉一群聚集的陌生人说把抢劫的物资埋在了公园里。所有人都假装自己不相信他，但很快就互相追赶要超过别人

1.译者注：里程碑与磨石的拼写相似。

一个身位。

　　一年后，在西雅图的国际晶体学联盟会议上，对于是否要攻克这个难题的最后一丝疑虑也被驱散了。不像核糖体会议，聚集了所有用任意方法研究核糖体的人，这次会议聚集了使用晶体学研究任何问题的科学家。我受邀报告使用 MAD 方法获取相位信息的研究。这是我第一次获邀在国际级别的晶体学会议上发言，作为使用该方法的新人，我自然感到高兴。参会的另一个重要原因是听说艾达也会参加。广泛流传的报道说她现在整个核糖体晶体衍射已经达到 2Å 的分辨率，这真是令人惊奇。如果这是真的话，那就意味着我们很难与她竞争。

　　我有点担心报告要讲给"真正的"晶体学家听，因为这些人实际上开发了该方法，而我仅仅是使用者。幸运的是，我的演讲进行得相当顺利。艾达被安排在周一上午的一个名为"大分子组装"的一节上发言，其中囊括了多个关于大型的具有挑战性的分子结构的精彩演讲。它由荷兰著名科学家威姆·霍尔（Wim Hol）主持，他最近刚移居西雅图。每个演讲者被分配了 20 到 25 分钟的时间，其中约有 5 分钟的时间是提问时间。主持人的主要工作是确保演讲者不要超时，并且问题不会仅由一两个人主导。

　　艾达的演讲先总结她的研究历史，然后描述了整个核糖体的新晶体。她详细介绍了她如何界定它们的特征以及为什么认为它们是核糖体，然后提及它们能衍射到 2Å 分辨率。她展示的衍射图案令人惊叹，有很多斑点一直延伸到照片的边缘。我们悬在座位的边缘，焦急等待她对这些衍射图的具体处理。

之后的大部分演讲时间中她描述了如何对它们进行进一步的定性之后大失所望：它们根本不是核糖体，而是一种污染物，原来是一种叫作烯醇酶的蛋白质！讲到这个时候，她已经花了远远超过分配的时间，但是威姆·霍尔无法阻止她。她继续描述真正的核糖体晶体方面的进展，据我们判断，相较于去年在维多利亚的报告没有任何进展。

我们好几个听众都不明白艾达为什么花这么多时间谈论污染物。在她结束演讲时，会议已经晚了半个小时。这对于本节最后的发言者——耶鲁大学的保罗·西格勒（Paul Siegler）来说有着不幸的后果。保罗无论从身体上还是科学上都是巨人。他也从LMB起家，在他的职业生涯中解析了许多非常重要的结构，成为这一代最杰出的结构生物学家之一。作为傲慢而自信的人，大家都知道他讲话直白又冲。他曾经在暴怒下用手砸坏过复印机上的玻璃面板，还有一次，他砸碎了书桌抽屉。

保罗被特意安排在该小节会议的结尾，因为他的实验室刚刚解析了GroEL的结构，GroEL是一种大型蛋白质复合物，帮助核糖体新制造的蛋白质正确折叠。但是当他走上讲台演讲时，一些讲台工作人员过来把他赶下场，说："先生，你必须停下来马上离开。几分钟之内，我们就有诺贝尔奖获得者在这里讲话。"保罗很生气。显然，会议安排了另一位诺贝尔奖获得者在午餐时间进行演讲，而当天要演讲的正是几年前在冷泉港授课的汉斯·戴森霍夫，课程之后的两天他获得了诺贝尔奖。我们所有人都喜欢戴森霍夫，但有或没有诺贝尔奖，我们当中都没有人认为他的演讲比保罗的演讲更值得。

　　会议上有人议论说著名晶体学家兼彼得·摩尔在耶鲁大学的同事，汤姆·斯泰兹已经开始与彼得合作研究核糖体结构。汤姆本科在威斯康星州本地的劳伦斯大学就读，之后与著名化学家比尔·利普斯科姆在哈佛大学攻读博士学位，比尔也是美国早期的蛋白质结晶学家之一。在那儿，汤姆遇到了妻子琼（Joan），后者正在吉姆·沃森的实验室中研究核糖体。琼是当今世界上领先的分子生物学家之一，早前她想在哈佛大学的一位著名细胞生物学家那儿攻读博士学位，但他拒绝招收她，说道："但你是个女人。结婚生子后该怎么办？"离开办公室后，她几乎无法控制自己，泪流满面。幸运的是，沃森毫不犹豫地招收了她，而她在实验室的那段时间正是核糖体研究初期最激动人心的时刻。

　　就像大部分本书提到的人物一样，汤姆和琼来到 LMB 从事博士后工作。汤姆与领先的晶体学专家大卫·布鲁研究胰凝乳蛋白酶，这是一种切割其他蛋白质的蛋白酶。琼对 LMB 的最初印象十分恶劣。沃森写信给克里克，要求他为琼找一处工作的地方，但当她到达 LMB 时，克里克告诉她没有多余的空间，她在这段时间"去图书馆做研究"！幸运的是，马克·布雷茨彻（Mark Bretscher）分给她一些空间，琼继续做出了非常重要的发现，即核糖体如何从 mRNA 的正确位置开始翻译。剑桥学者之间的很多社交活动是在各学院的"高桌"吃饭时进行的，之所以这么称呼，是因为这种餐桌是一个稍稍升高的长形台面，只允许同侪及其客人用餐。马克认为现在是时候让女性也参加这项活动了。当时，大多数剑桥学院都不接受女性为同侪（唯一的例外是女子学院，例如吉尔顿或纽纳姆）。为了绕过这一限制，马克提议琼的身份为冈维尔和凯乌斯学院的"与会成员"，他曾是那里的一名学者，这是女性第一次不以客人的身份在这里享有用餐的权利。

在博士后结束时，汤姆已经收到了伯克利的教职工作邀约，但是在回程中，他和琼在普林斯顿和耶鲁大学接受了面试，前脚刚踏出门，后脚就收到了两家大学给的两个工作机会。汤姆描述道，"当我到达伯克利，去到生化系主任办公室时，我把4封工作邀请函放在他的桌子上。我问伯克利有没有可能也给琼工作机会。他看看信件，又看看我，说：'她是个女人。女性不应该经营自己的实验室，她们可在丈夫的实验室里工作。'于是我们去了耶鲁。"

从那以后，他们一直是耶鲁大学的明星眷侣，在各自的领域都出类拔萃。琼在分子生物学的许多领域开创了先河，包括发现被称为剪接体的分子，该分子在高等生物中负责将RNA在核糖体读取之前先切碎并剪接。她经常在汤姆之前获得荣誉，例如当选美国国家科学院院士，至今仍让我们困惑不已的是她的工作居然未获得诺贝尔奖。一直以来，我们中的许多人都以为她可以在汤姆之前获得诺贝尔奖。

当我在耶鲁大学初遇汤姆时，他已经成为这一代人中最重要的晶体学家之一。他是一个身材魁梧、有气势的人物，他与朋友和同事唐·恩格尔曼经常去体育馆锻炼。他们俩下巴都留着长条胡须，让汤姆看起来有点像阿米什人[1]。汤姆留给我的印象是傲慢与自负，但这只是映射了我自己内心的不安全感，因为后来我意识到他只是喜欢很直接——一个中西部人的典型特质，我个人非常熟悉，因为我已经与

---

1. 译者注：阿米什人是严格的门诺派教派成员，从1720年起在宾夕法尼亚州、俄亥俄州和北美其他地区建立了主要定居点。

这样一个人结婚了数十年。经过岁月的洗练，我们成了好朋友，尽管我们最终成了某种意义上的对手，他对我始终是支持和鼓励的。但是他的直肠子，再加上他在确定一个又一个无比重要的蛋白质结构之后这令人艳羡的成功，让有些人受不了。尽管我们许多人会对他在科学上的出色判断和成绩赞叹不已，但偶尔我也会听到这样的讽刺评论："好吧，如果你同一位顶级分子生物学家结婚的话，你也会有很好的判断力。"与琼结婚也许对他的事业有所帮助，但认识汤姆的人都知道他曾有一个明确的愿景，即试图了解以下基本机制：DNA中的信息是如何复制的，如何转录到RNA中，并用于制造蛋白质。他几乎攻克了这个课题的每个方面，尽管某些项目经过了多年的坚持。因此，他试图攻克核糖体不足为奇。

图8.1　1978年的汤姆和琼·斯泰兹（由冷泉港实验室提供）

得知汤姆和彼得将要组队研究核糖体时，一开始我严重焦虑，因为我确信，凭借他们在核糖体和晶体学方面的专业知识，他们将成为我的强大的竞争对手。当我发现他们的精力集中在50S亚基上，并以艾达的 *H.marismortui* 改良晶体为起点时我感到一丝欣慰。在西雅图的会议上撞上汤姆时，我问他是否真的要与艾达正面交锋。他笑着说："好吧，我们希望从某个时候能够选择不同的课题！"

我也曾短暂地考虑过使用艾达的50S晶体尝试我的取得相位的方法，但又不想与她直接竞争，部分原因是我认为人们会对我抢做她的课题有所非议。当然，没有人独享科学问题的"所有权"。结果发布后，任何人都可以自由跟进，甚至可以与原初发现者竞争。任何人都有权追求有价值的东西，而不是先讨论由谁发起或者还有谁在做，这对科学非常有益。但是在蛋白质晶体学的早期，当X射线设备和计算机都还很原始时，收集数据和解析结构需要花费很长的时间，所以就有了一个传统，如果有人生产了某种分子的晶体，其他人会等着他自己解析结构。毕竟，还有许多其他蛋白质结构需要解析。但是核糖体是不同的，因为它是如此重要，而且自从获得晶体以来，在解析结构方面并没有明显进展。

这还建立在以下事实基础上，从一开始，艾达不仅得到了亨氏-金特·维特曼的大力支持，还得到了像约翰·肯德鲁这样的人的大力支持，约翰看到了她解析核糖体结构的目标与他对第一个蛋白质结构的研究之间的相似之处。她在同步加速器附近一个专门建造的实验室，得到了马克斯·普朗克学会的大力支持，包括在柏林为其生产核糖体和晶体的业务。魏兹曼研究所给予她长期在德国工作的特殊许可，同时允许她在以色列保留终身职位和实验室。广大的领域同行也对她的成就很感激；从第一次突破开始，她就定期被邀请在重要的国际会议上发表演讲。

但是，无论是她还是她实验室中的任何人都没有解析过大型的困难结构。她也没有与经验丰富的晶体学团队合作。所以对我来说，就好像有人还从未攀登过一个主要的高峰时，就决定不带经验丰富的夏尔巴协作而率先独自登顶珠穆朗玛峰。同样的大胆固执，使她得以承担维特曼部门一个几乎不可能解决的问题，并坚持多年最终获得50 S亚基的良好结晶，这样的特质现在反而成了跃入下一阶段的障碍。这就很好解释，为何在第一批晶体发表的15年后，即使是那些钦佩她努力的人也开始感到沮丧和不耐烦。

不过，既然汤姆和彼得已经公开声明要做这个问题，我想知道同行间会如何看待他们。在会议期间的一次晚宴上，我问了著名的英国晶体学家盖伊·多德森（Guy Dodson），对汤姆使用艾达最初发现的晶体与之竞争的看法。他毫不犹豫地回答说，是时候需要其他人开始做了。

无论如何，即使我只有一个小团队，资源有限，我觉得我还是有机会参与到竞赛之中。我想，至少我不会与任何人直接竞争，当然也不会与我的导师彼得以及汤姆竞争。他们可以和艾达争夺50 S亚基，而我通过研究30 S亚基悄悄地打开自己的局面。我带着新的决心回到犹他大学着手攻克这个问题。

第 9 章
犹他大学初试身手

从犹他大学再次徒手起家有点令人沮丧。在布鲁克海文，我留下了一个设备精良的工作实验室，还有几位优秀的熟悉研究流程的助手。许多认识并喜欢我的同事帮助我成长为一名独立的科学家，并教会我使用晶体学和分子生物学的一些工具。而在犹他大学的很长一段时间里，我独自一人在实验室。我习惯于独自工作，几个月来，学生和博士后经过大厅的时候会好奇地看到一个略显孤单的正教授正打开着搬家箱，设置仪器设备并试图完成一些工作 。

但是，犹他大学的同侪非常热情，也很支持我，在不到一年的时间里，我就组建了一个由两名研究生、一名博士后和一名技术人员组成的核糖体研究小组。此外，还有其他从事染色质研究的人员，比如鲍勃·杜特纳（Bob Dutnall）。整个团队略显混杂。我的资金来源仍然是美国国立卫生研究院（NIH）与史蒂夫·怀特合作的项目，共同研究核糖体中单个蛋白质的结构。由于蛋白质数量很多，这个项目可以让我们做上好一阵。但是到那时，我已坚信这只是一场旷日持久的集邮活动，即使我试图将其包装得很有趣，我心已不在此。但这是培训新人上手晶体学的好方法，可以让他们先从这个不太困难的项目入手。

　　第一个加入的人是比尔·克莱蒙斯（Bil Clemons），一个身材高
大的非洲裔美国人，留着短发戴着大眼镜，他坚持自己Bil这个名字的
拼写只用一个l，以区别于父亲。他来自一个非常有成就的家庭：他的
父亲是美国海军陆战队的一名上尉，是乐队的指挥。他的叔叔克拉伦
斯是布鲁斯·斯普林斯汀的E街乐队的萨克斯风演奏家，这个职位在
克拉伦斯去世后由比尔的兄弟杰克顶替。比尔带着热情、天真和不成
熟的感觉来到了这里。在加入我的实验室后的某段时间，他停止剪发，
留长的过程中将其编成脏辫，有着明显的拉斯塔法里风格。他非常善
于社交，喜欢烧烤、啤酒和嘻哈音乐。作为一个素食主义者，不饮酒
又主要喜欢古典音乐的我，在文化上的癖好不能离他更远了。

　　比尔最初是作为研究生第一年的轮转项目来到了我的实验室。在
短暂的工作期间，他获得了S15的晶体，一种小核糖体蛋白。在这一
年年底，他需要决定自己在接下来的几年里在哪个实验室攻读博士
学位。当时，与隔壁的韦斯·桑德奎斯特和克里斯·希尔（Chris Hill）
人丁兴旺的实验室相比，我空空如也的实验室似乎没有什么吸引力。
但有了S15晶体就有了一个可行的项目，这令他动摇了。

　　我们交谈了一次，我告诉他可以开始研究S15这种蛋白质，但实
际上我的目光看向的是整个30S亚基。我以为他会持怀疑态度，尤其
是在得知艾达牵头的庞大而资金雄厚的德国团队多年以来仍无法破
解其结构的时候。令我惊喜的是，他的眼神被点亮了。我认为对他而
言最好是先解析几个较小的蛋白质，这样他才能在攻克30S之前学
习解析结构的基础知识。比尔的精力和乐观的精神，以及他愿意尝试
新的不走寻常路的方法，在以后的几年中都无比珍贵。

接下来加入的是布赖恩·温伯利（Brian Wimberly）。他曾打电话给我要加入我在布鲁克海文的实验室，但我告诉他我要搬去犹他大学，所以他等待了一年之后与我联系。他在伯克利的伊格纳西奥（纳乔）·蒂诺科（Ignacio 'Nacho' Tinoco）指导下获得了博士学位，其间他使用了与众不同的被称为 NMR（核磁共振）的方法来显示核糖体中的 RNA 片段具有异常的结构。在拉霍亚的斯克里普斯研究所从事博士后研究期间，他主要研究钙结合蛋白，但从未完全摆脱对 RNA 的迷恋。于是在他的博士后期，他必须决定是否剑走偏锋，做一个可能是愚蠢的决定：放弃佐治亚理工学院的教职，在我这儿做一个短期的第二个博士后来学习晶体学。我对布赖恩求贤若渴，他在 RNA 结构方面具有真正的专业知识，尽管核糖体的三分之二是 RNA，但我对 RNA 几乎一无所知。

布赖恩拜访我之后，我俩一见如故。我之前告诉他盐湖城是一个非常不错又安全的地方，但是第二天早晨我们从我家出来时，就有人砸碎了街上每辆汽车的窗户。我担心这会让我的努力功亏一篑，但幸运的是，薇拉带他去了盐湖城周围的山麓徒步旅行，在一个美丽的春晨，他们看到了许多野生动植物，由于他酷爱远足和户外活动，便决定留下来。

第二年，来自威斯康星州的一个聪明、略自大而有野心的学生约翰·麦卡彻恩（John McCutcheon）想要加入实验室。我认为他可以先与布赖恩一起工作来获得核糖体的一种与一小段特定的 RNA 结合的蛋白质晶体，但他很快就觉得这速度太慢，因此决定孤注一掷直接研究 30 S 结构。所以我一下有了两个学生致力于研究 30 S 结构。显然,比尔和约翰对于晶体学或核糖体的浅薄知识让他们误以为这是一个很好的论文项目!

图9.1 犹他大学的实验室,图中有作者,乔安娜·梅,鲍勃·杜特纳,布赖恩·温伯利,约翰·麦卡彻恩和比尔·克莱蒙斯(由田中功提供)

问题是研究如何开始。俄罗斯的加伯小组首次报道的30 S亚基的晶体来自嗜热栖热菌(*Thermus therophilus*)。但是,10年过去了,被报道的晶体的衍射仍然不够好,无法给出原子结构。

我在考虑如何改善这些晶体时,想起了约阿希姆·弗兰克在维多利亚的演讲。他不仅展示了带有tRNA的整个核糖体的图像,还展示了30 S亚基的形状独立存在与作为整个核糖体的一部分时略有不同,这说明它是一个结构相当柔软的分子。该亚基用拟人化来描述的话好像有一个"头",通过细长的"颈部"连接到"身体"的其余部分,并且头在不同结构中的倾斜程度略有不同,仿佛头会摆动一样。大分子通常需要比较柔软来完成它们的功能，小亚基头部的移动对于确保tRNA穿过核糖体至关重要。但这样的柔软性对于获得优质晶体简直是死敌，因为好的晶体要求所有分子完全相同并且以相同的方式位于晶格中。我想，头部的这种软垮可能就是30S亚基的晶体不够好的原因。如果是这样，那么解决方案就是以某种方式固定头部，使其无法移动。

有一种蛋白质帮助核糖体在mRNA的正确位置上启动，叫作"起始因子3"或"IF3"，它恰好结合在小亚基分子的头部和身体之间。去年在布鲁克海文的时候，我们刚刚解析了它的结构，所以就想起了这个分子。我建议约翰·麦卡彻恩先尝试将IF3与其结合来锁定30S亚基，然后再尝试使其结晶。

在鲍勃·杜特纳的帮助下，我们使用色谱柱摈除污染物，纯化了30S亚基，尤其是去除那些核糖核酸酶或蛋白酶，这些酶会降解其RNA或蛋白质而破坏核糖体。这一步重要的原因有两个：一是可以保证30S亚基可以待在液滴中慢慢地在数周的时间里结晶并保持完好无损；二是这样还能去除一种核糖体蛋白S1，S1相比其他蛋白的结合要松散得多。实验结果是我们得到了非常纯净的30S亚基样品。

在将IF3与30S亚基结合之前，我们决定使用已知的方法检查这些30S亚基是否足以结晶。即使迄今为止报道的最好的晶体不足以产生原子结构，但即使是低分辨率的结构也可以告诉我们很多有关RNA如何折叠的信息。我们还可以将已经被单独解析的蛋白质结构放入其中，并一步步建立该亚基的模型。这些工作足以让我们在得到更好的晶体之前也有事可做。在短短几个月内，我们复制出了原先报道的俄罗斯的晶体。它们很小，一些初步测试表明它们衍射到很低的分辨率，比迄今为止报道的最佳分辨率差。但是，它们在逐渐变大。

正当我们着手开展30S项目时，史蒂夫·怀特和我受邀参加了在瑞典举行的一个会议，是关于蛋白质合成的结构方面的工作，即与核糖体有关的任何结构。组织者安德斯·利亚斯（Anders Liljas）正在与玛丽亚·加伯合作研究单个核糖体蛋白结构，因此他们是我与史蒂夫合作的友好竞争对手。即使我已经对单个蛋白质结构的工作不感兴趣了，这仍然是个好机会，看看别人的进展。艾达不仅会在那儿，彼得也会在那儿，所以我去看看他们之间的竞争怎么样了。还有另一个原因：我可以再次访问英格兰的LMB，因为它在前往瑞典的中途。这不仅是用来感怀旧情的社交访问，而且我意识到，LMB是开展像30S结构这样的高风险项目的最佳场所，我想知道是否可以在那里工作。

在犹他大学开始30S项目以来，我既兴奋又很恐惧。如果我要花好几年的时间才能得到优质的晶体呢？即使我得到了它们，关于如何解析结构的想法不起作用的话要怎么办？在犹他大学环境中做这样研究的问题在于，我的研究依赖于研究基金，一般仅维持几年，之后需要续签。

这些基金通常由美国国立卫生研究院（National Institutes of Health，NIH）资助，由您所在领域的十几位或更多专家组成的小组进行审核来决定。从理论上讲，这是资助科学的好方法，而且一直以来效果非常好。但是有一位科学家称该体系就像你最喜欢的餐厅一样——你不想到后厨去看食物是如何制成的。这些专家小组有两个大问题。一个问题是，他们的倾向过于保守，缺乏判断力或远见，无法支持大胆的、创新的提议，而是选择那些渐进的工作，因为可行性更高。确保专家小组由最顶尖的科学家组成，不惧怕资助冒险想法的话，就得像陪审团制度一样，如果你获得NIH资助，你就必须在被要求时服务于NIH。另一个问题是每个小组都收到一百多个提案，每个提案都包含超过50页的密集信息。实际上，每份申请仅由几个人（称为主要审读者和次要审阅者）详细阅读。因为只有一小部分提案最终会获得资助，所以只要其中一个评审对提案不感冒，那就基本无望了。有一次，当我对主要审稿人和次要审稿人提出反对意见试图挽救一个提案时，其他评审人就分配了一下不同意见给了一个一般的分数，所以无论怎样都注定会失败。因此，尽管该评审过程在纸面上是公平的，实际上它可能主观性很高，尤其是在涉及高风险或高度原创的提案时。

　　曾在这些小组中服务过的我，深知他们收到这样一份关于核糖体的提案会作何反应。我还没有晶体，但觉得自己有个获得结晶的好想法。尽管德国的一个资金雄厚的团队多年来用良好的晶体也一直无法解析出结构，我有解决这个难题的新想法。我仿佛已经听到了他们把我的建议丢进垃圾箱时评委会议室里传来的笑声。另一种选择是从我现有的拨款中挪用部分资金来完成这项工作，许多科学家都曾用这种方法完成其最具创造性的工作。但是考虑到其他团队的竞争以及对这项工序需要全情投入，我认为这不是可行的策略。另外，如果这些新想法行不通，我将失去所有资助，必须从头开始，可能就此无法复原。

每所研究型大学都有失去研究经费而最终成为二等公民的人，他们所在的系试图将他们赶走或边缘化。

　　但是 LMB 有所不同。他们知道某些研究需要花费很长时间，而且更重要的是，那里许多人都知道解决这一难题需要的投入。因此，尽管我刚从休假回来时就已经写过工作申请，我还是再次写信给理查德·亨德森，他此时已成为 LMB 的主任。这次，我给了一份具体的建议。我对如何结晶 30S 亚基，解析结构有了想法，并且希望能搬去LMB 工作。我能在去瑞典的中途在剑桥短暂停留与他们讨论吗？理查德说他非常乐意。

　　这次访问剑桥与我进行过的任何"求职面试"都不一样。首先，并没有空余的职位。其次，他们没有一次讨论任何面试常见的问题，例如给的空间、设备或者，老天啊，薪水。相反，我给了关于我们解析的各种核糖体蛋白结构的报告。然后整个下午，我与理查德和托尼·克劳瑟（Tony Crowther）就核糖体问题进行了非常坦率而诚恳的讨论，托尼和理查德一样都是著名的电子显微镜家，并已成为结构研究分部的联合负责人（或叫共同主席）。我们讨论了谁在做什么，为什么这个领域停滞不前，我将如何解决它，我可能会遇到什么样的困难，以及我认为需要多长时间才能到达一个中间步骤，即可以在密度图上看到 30S 亚基可识别的特征。这种智识上自由的给予和接受在求职面试中很不寻常，即使实际上他们并没有在招人。他们的决定是"保持联系"，尽管这个回答不置可否，但与他们的交谈让我觉得这不是一时冲动的想法，所以我满怀欣喜地前往瑞典。

许多会议都选择开在偏远的度假山庄，迫使人们讨论科学，而不是去购物或看风景。塔尔贝格（Tällberg）是位于斯德哥尔摩以北数小时路程的达拉纳省西杰湖畔一处古朴的村庄，完全符合会议选择地的标准。安德斯·利亚斯在塔尔贝格组织会议是因为他本人在那里长大，并且知道一家迷人的度假酒店，适合举办大约100人的会议。他看起来高大而喜气，有着大城市人的外表，但他仍然植根于瑞典乡村的传统价值（退休后，他回到了位于塔尔贝格的老家）。核糖体领域的每个人都知道他，他的长处是他总能看到每个人身上的闪光点，并希望所有人能融洽相处。尽管这使他成为受欢迎和值得信赖的人物，他左右逢源的社交技巧将在未来十年中经受考验。

我将第一次听到彼得告诉我们耶鲁团队的晶体研究进展。他们现在拥有什么样的数据，如何获得确定晶体结构最重要的相位信息？对于普通蛋白质，单个重原子如汞或金可以提供足够的信号，可以在前面讨论过的帕特森图中看到峰值，其峰值对应于晶体重复单元中不同重原子之间的距离。但是，随着目标分子的变大，与整个蛋白质相比，来自重原子的相对信号变小，直到无法检测到为止。因此，对于大分子，人们尝试使用重原子簇来入手。这些簇是小的无机分子，它们包含几个彼此靠近的原子，通常是钽或钨。在低分辨率下，簇中的许多原子将像单个"超重"原子一样起到放大信号的作用。这类簇以前也被使用过，例如用于解决核小体核心颗粒或者一种叫作RuBisCo（1,5-二磷酸核酮糖羧化酶/加氧酶）的大酶，在植物固碳中起关键作用。但是50S比这些都大得多。在研究这个问题时，艾达曾考虑使用大型钨簇。这些团簇最多可包含30个原子，也许可以达到目的。

而且，尚不清楚这些大簇是否会与核糖体结合，或者即使它们结合了，是否会发出清晰的信号。前两年艾达在维多利亚和西雅图的报告中，没有明确的证据表明有任何一个重原子团簇与她晶体中的核糖体亚基结合。但是，彼得在塔尔贝格的报告中，证据出现了：他们的帕特森图上有一个巨大的球形斑点。这是第一个直接证据：重原子会与核糖体结合。

之后他们通过另一种独立的流程来确认结果。显然，约阿希姆·弗兰克的核糖体电子显微镜图在维多利亚给彼得留下了深刻的印象，他认为它们可能是分析50S晶体数据的不二起点。该方法称为分子置换，原理是这样的：如前所述，利用X射线数据，你可以测量斑点的强度，但不知道相位，而你需要这两种信息来重建三维分子图像。一般而言，可以用马克斯·佩鲁茨和他的同事发明的重原子方法来获得相位信息。但是如果你已经找到结构已知的类似分子，你可以试图弄清楚该"类似"分子如何堆积在你的晶体里，并计算其衍射图。你可以使用该类似分子中的相位以及数据中的实测斑点强度来获得分子的起始近似结构，然后从该起始结构中重新计算相位以获得更好的相位信息，逐步迭代直至正确的结构。诸如史蒂夫·哈里森（Steve Harrison）等科学家以前曾使用电子显微镜的三维图像作为研究某些病毒结构的起始图像，因此彼得合理猜测是否也可以用约阿希姆的核糖体图作为起点。

在会议上，彼得展示了他们如何使用约阿希姆的一幅图来弄清楚50S亚基在晶体中排列的方式。这个实验产生的大致相位信息预测了他们在帕特森图中已经看到的峰值。虽然他们从X射线数据得出的

50S图分辨率仍然很低，但是看起来形状合理而且可以识别。毫无疑问，他们的策略是有效的。

艾达做了她的报告。她首先展示了50S亚基的数据，表明晶格大小（即晶体中重复分子之间的距离）随收集数据而改变。这意味着，由于辐射损坏，在收集晶体的有关数据时晶体在不断变化；她说这些晶体没法用，暗示耶鲁大学的团队在浪费时间。艾达居然拒绝了她自己的团队得到的晶体，而耶鲁团队却做得热火朝天，这极具讽刺意味的交锋令我印象深刻。

我是50S亚基竞赛中的旁观者，所以目前为止，我感到很放松，直到艾达说她现在可以让30S亚基与重原子簇结合，并能很好地衍射。据推测，她一直在寻找一种重原子衍生物，其中一个使30S亚基稳定，让它们在晶体中变得更有序。然后，她展示了衍射图样，显示出很多斑点。我简直不敢相信自己的所见所闻。曾经我认为的僻静之地现在变成了我与艾达的正面对决，而我们甚至不确定我们能否获得优质的晶体。在接下来的会议中，我一直处于混乱状态。休息时，我和史蒂夫·怀特与艾达和弗朗索瓦·弗朗西斯以及来自日本的晶体学家田中功（Isao Tanaka）一起在湖附近的树林中散步，整个过程中，我都不得不假装好脸色。

在时间显得无比漫长的回犹他的飞机上，我仔细地思考着当前的情势。我短暂地考虑过放弃，但后来意识到艾达早在多年前就已经获得了50S亚基的优良晶体，但她仍然没有解析出结构。她现在拥有30S亚基的良好晶体，并不代表她突然能想出解决方法。耶鲁大学的

图9.2　在塔尔贝格会议上：艾达·尤纳斯，史蒂夫·怀特，弗朗索瓦·弗朗西斯和作者（由田中功提供）

研究表明，重原子簇可以很好地获得低分辨率的图，但是在高分辨率下时，簇中的重原子就不会表现出像单个超重原子的作用，在更多细节的图下，它们看起来像许多独立的原子，产生的信号下降。因此我想出的使用特殊原子的异常散射在同步加速器下解决结构仍是获得高分辨率结构的唯一方法，这样的分辨率能构建核糖体的原子模型。

最终，真正说服我自己的是认识到核糖体的结构是该领域最重要的目标。机会之窗似乎很窄，既然我对如何解决该问题有明确的想法，被这一新进展轻易劝退是错误的。此外，即使我不是解决原子结构的第一批人之一，核糖体是如此复杂，因此理解它的整个翻译过程需要不同状态下的许多结构。今后很多年都有很多有趣的工作可以做，要占据有利之地我应该早点开始而不是磨磨蹭蹭。无论如何，没有时间可以浪费：我将与艾达规模庞大、资金充裕的团队直接竞争，而不是耶鲁。

我觉得我不得不把新情况告诉理查德。幸运的是，他丝毫没有被它打扰，他觉得我至少有和其他人一样的机会胜出，并认为我曾解析许多不同结构，有解决难题的良好经验，但他仍然没有给我工作机会。他说，他们对我来LMB从事核糖体研究感兴趣，但目前他们没有任何多余的实验室空间。但是他们有希望获得一些新资源，一旦有的话会与我取得联系。

鉴于艾达的晶体改良，我们没时间等待LMB的机会了。我向我的实验室介绍了塔尔贝格举行的会议情况，然后研究如火如荼地展开了。我们必须采取两管齐下的策略。首先是继续观察30S的晶体将会带来什么新的发现，也许我们也能够以某种方式稳定它们，就像艾达所做的那样。另一种方法是尝试用IF3锁定它们并尝试获得锁定后的晶体，这也会更有意义，因为它会显示30S的具体行为，例如结合启动翻译所需的蛋白质。幸运的是，这个想法不需要真的实现，否则我将仍在等待。

我们最紧急的任务是看现有的晶体有多好。当我去布鲁克海文收集鲍勃·斯威特的光束线机器上另一个项目的数据时，我还带上了30S亚基的几个冷冻晶体。我们决定在邻近的一个光束线机器上观察它们，因为该光束更强，可以更好地了解晶体的质量。它是由我的老朋友兼同事马尔科姆·卡佩尔经营的。马尔科姆是个大个子，留着浓密的胡须、长长的头发，扎着马尾辫。他在犹他州的一个摩门教徒家庭中长大，尽管成长过程相当保守，他却非常不敬虔，也不信教，喜

图9.3　马尔科姆・卡佩尔（由马尔科姆・卡佩尔提供）和鲍勃・斯威特（由布鲁克海文国家实验室提供）

欢喝啤酒、开派对，并用新颖的和有创意的方式在言语里加上脏话。在聚会夜深的时候，啤酒开始起作用时，他会变得非常机智，用搞笑而真诚的语言评价我们认识的所有人（包括在场的人）。因为我们曾在耶鲁大学从事相同的中子项目（尽管相隔数年），并且我们通过他的妻子苏伊・埃伦・格希曼（Sue Ellen Gerchman）（我在布鲁克海文的技术人员）有了一层联系，我们之后成了好朋友。

我知道因为马尔科姆的背景，他会对核糖体感兴趣，作为老朋友和同事，我下意识地很信任他，所以我之前告诉过他我们的项目，他说他会尽其所能帮助我们。在我访问期间，我们在他的光束线上拍了许多晶体，尽管算是一个不错的开端，但这些斑点并没有扩展到高分辨率。

这尤其令人沮丧，因为不久前我遇到了内纳德・班（Nenad Ban），他在我之前一直在鲍勃・斯威特的光束线上收集数据。内纳德是一

个聪明又好看的克罗地亚人，有着大男孩的脸和迷人的笑容。在进入
汤姆·斯泰兹的实验室担任博士后之前，他在加利福尼亚的亚历克
斯·麦克弗森（Alex McPherson）实验室取得博士学位。内纳德去汤
姆那儿面试的时候听说他想攻克核糖体，立刻兴奋不已，因为他对核
糖体一直很感兴趣 —— 有时他会给我们看他还是个小学生时绘制的
核糖体画像。内纳德告诉我，他最大的恐惧不是解决这个艰巨问题的
挑战，而是怕汤姆可能会在几个月后他正式露面之前将该项目交给其
他人做。

图9.4 耶鲁大学50S亚基的工作团队：内纳德·班，汤姆·斯泰兹，彼得·摩尔和波尔·尼森
（由汤姆·斯泰兹提供）

当我抵达鲍勃的光束线机器时，内纳德对其50S晶体收集的最
后一张衍射图像仍在屏幕上，我的心沉了下去，与我们的弱衍射不同，
即使在相对较低强度的光束线上，它的强衍射斑点一直抵达检测器边
缘。内纳德的自信心也令人生畏：他急着坐轮渡赶回纽黑文，并问我
是否能拿出他完成备份数据的磁带。他似乎一点儿也不担心我可能偷

看一眼。

不久之后，我们得知耶鲁大学的研究小组已经越过了 10 Å 的分辨率阈值。他们最终在《细胞》杂志上发表了一篇论文，其中的密度图谱显示了 RNA 扭曲片段的右旋双螺旋。他们清晰地提及，他们的图谱显示了"其他研究所期望的密度特征"，并继续说该论文"构成了一个重要的向更高分辨率的核糖体结构进发之前的有利滩头"。

我之前已经担心彼得和汤姆会成为强大的竞争对手。我见过的内纳德显然是一流的科学家。我还注意到作者名单中包括另一位顶尖的年轻结晶学家波尔·尼森（Poul Nissen），之前在丹麦的奥胡斯（Århus）大学解决了一个非常重要和棘手的结构，该复合体将氨基酸输送到核糖体，由 tRNA 及其附着氨基酸的称为 EF-Tu 的蛋白质因子构成。因此耶鲁组建了一支精锐的团队，而我们还没有得到好的晶体。希望他们不会太快弄清楚我将如何达到高分辨率的想法。我们已经落后了，但是除了继续前进别无选择。

为了实验通过与 IF3 形成复合物来锁定 30S 亚基的想法，我联系了约阿希姆·弗兰克，希望通过电子显微镜来合作进行结构研究。这将是一个低分辨率的结构，但是由于对 IF3 如何与核糖体结合知之甚少，这个实验本身很有趣。另外我们也能知道关于锁定 30S 的想法是否真的奏效。重要的是，既然耶鲁大学的团队已经使用电子显微镜图来获取 X 射线数据的相位信息，那么这样做对 30S 的解析也有帮助。当时，约阿希姆并不知道这其实是我们尝试结晶整个复合体的序幕，但是能够粗略地知晓 IF3 如何与 30S 结合已经足够有趣，因此他答应了，并且让自己的博士后拉吉·阿格劳瓦尔（Raj Agrawal）与约翰·麦卡申进行合作。约翰很快制作出合适的复合体，然后去奥尔巴尼与拉吉一起完成IF3与核糖体复合体的电镜结构。

与此同时，我们的晶体长得更大了。在下次前往布鲁克海文的行程中，它们在马尔科姆的光束线上的衍射表现好了很多。它们中最好的似乎达到了约5Å的分辨率——接近但还没到。鲍勃·斯威特过来告诉我说他们有一条新的高强度光束线，问我是否要在上面试一下晶体。试一下不会有任何损失，所以我就放上了一颗晶体，结果差点中风。晶体衍射到超过4Å的分辨率，衍射点几乎延伸到检测器的边缘！高角度的斑点非常微弱，这就是为什么我们需要非常强的光束才能看到它们的原因。但这意味着这些晶体质量很好，即使没有结合IF3（我原本认为是必须的），或者像艾达一样用一些（我们还不知道的）重原子团簇来稳定它们。可能我们要做的只是确保制备过程非常纯净和均质，并且去除可变的S1蛋白，然后在4摄氏度的冷藏室中让其缓慢生长好几周也有助于生产更好的晶体。不管是什么原因，令人惊讶的是，我们衍射良好的晶体已经赶上了其他研究组。现在，我们必须弄清楚下一步要对晶体做些什么。

第 10 章
重回麦加圣地

　　从瑞典回来后的一段时间，我突然接到了艾达打来的电话，询问她是否可以在其撰写的一篇综述中提及我在塔尔贝格描述的 S15 的结构结果。我觉得以这个理由打电话很奇怪，因为这完全可以很容易地在电子邮件中沟通。我告诉她，该结构即将发表，她当然可以引用它。然后，我有些调皮地说道："嗯，艾达，很高兴与你通话。"

　　她说："还有一件事。"这才是她打来电话的真正原因。她说她听说我们正在研究 30S 亚基。我不想与她讨论我们进展到哪里和正在做什么，但我也不想完全撒谎。因此，我以克林顿式的回答方式（比尔，而不是希拉里）说，"我们正在考虑。"毕竟，我们确实没日没夜地在思考。艾达补充说，他们已经取得了长足的进步，现在她在她的图中可以识别出我们已经单独解析出结构的蛋白质。如果我们有新想法，她很乐意考虑。我礼貌地告诉她，现在我们想看看自己的想法能走多远。当时我还不知道，但是彼得·摩尔最近告诉我当时她曾意外造访耶鲁大学，也希望与他们合作。

　　合作共赢的最佳条件是，相关人员是好朋友，喜欢一起工作并且彼此完全信任，又或者他们具有互补的专业知识帮助彼此解决无法独自完成的事情。这还需要彼此放弃对项目的完全控制，有时候对成功贡献的分配过程并不能对所有参与者公平。因此现在这个当口，我和耶鲁团队都没有兴趣与其他任何人合作。

艾达的电话让我感到非常恐慌。显然，我没有想象的那么谨慎。她说可以在图上识别我们的蛋白质结构是什么意思？如果那是真的，那么她遥遥领先于我们，也许我们就不用再做下去了。心烦意乱的我，下楼去见我的同事克里斯·希尔，他笑了。他认为，获得一张精美的密度图后会做的第一件事绝对不可能是打电话告知一个潜在的竞争对手。我感觉好了许多，但整个事情让我感到了压力，因为它带来了我本来想避免的竞赛冲突。

最终，理查德·亨德森回信了。他说他们已经有了新的办公空间，有兴趣继续雇用我。突然间，我不得不做出我一生中最艰难的决定之一：是否要赌一把去LMB专心致力于该项目的研究。如果我留在犹他大学，我不得不同时从事其他更安全的项目来平衡自己的赌注。但是其他项目会使我在30S亚基上的研究速度慢下来，而现在比赛正处于白热化，我觉得我需要完全专注于它。机会之窗很窄，如果我没有抓住机会，眼睁睁看着别的团队做出来，我将会抱憾终生。

我和薇拉在犹他过得很愉快，同那里的许多同事成为了好朋友。有一段时间，我内心在撕扯。于是我决定向两个我特别敬重的人寻求建议，因为他们也曾解决类似的难题。第一位是彼得·摩尔。我没有告诉他30S的项目，但问他是否认为转向LMB是个好主意。他说，犹他大学是个不错的地方，但是LMB是独一无二的，如果我有机会去那里，我应该认真考虑一下。

　　第二位是哈佛大学的史蒂夫·哈里森，他是这一代人中最重要的结构生物学家之一。当他还很年轻时就突然在领域中崭露头角，解决了当时似乎不可能解决的问题，即整个病毒的结构，当时的计算机还很原始，而且还没有同步辐射加速器。他在个人生活中也表现出了勇气，在大多数人都不敢出柜的时候就毫不掩饰他的同性恋倾向。我不知道他是否曾想过，有一天他能合法地与其长期伴侣 —— 哈佛大学著名的细胞生物学家汤米·基希豪森（Tommy Kirchhausen）结婚。

　　史蒂夫还以近乎残酷的直白著称。他公开指责在太空中制作结晶是浪费时间和金钱，这是将蛋白质溶液发送到空间站以尝试在零重力下获得更好的晶体的昂贵操作。他曾在布鲁克海文一次咨询会议的开场白中严厉告诫同步辐射加速器的部门主任不要试图指导生物学家如何进行实验。我觉得，如果有人能直言不讳地告诉我，转到LMB从事核糖体研究是一个坏主意，那就是史蒂夫。事实证明，他没有。相反，他认为该领域将从竞争中受益，而如今汤姆和彼得等其他人都加入了竞赛，我没有理由不这么做，我应该考虑。LMB有犹他大学无法提供的优势。

　　当时我还不知道，史蒂夫其实是艾达的好朋友，他对我的鼓励更体现了他的正直和客观。经年以来他也成了我的密友。由于他对室内音乐的热爱，他甚至结识并有时到场支持我的大提琴手儿子拉曼。

　　最后，和薇拉聊了很长一路之后，我们做出了决定。我们将把家人（包括成年子女）留在美国，而我俩去英国，在 LMB 我的薪水将大幅度削减，而我将全情投入核糖体研究。在我整个职业生涯中，薇拉始终毫无怨言地跟随我游走美国各地，即使在拉曼刚出生，而我又决定跨越大半个国家重返研究生院的时候。我很幸运，她是一名个体经营的艺术家和作家，但是即使如此，每次她不得不将习惯的生活连根拔起并离开家和朋友。如果我认为这次搬迁对我的工作很重要，她同意再做一次。但是，她说，这将是最后一次。到目前为止，她信守诺言。

几年前才雇用我的达娜·卡洛尔听到这个消息显然感到震惊。他立即给我加薪，让我对预期的减薪感到更加痛苦，但他内心知道这无关紧要。最后，即使我告诉他们我要离开，他、韦斯和克里斯都对我表示支持，我感觉到他们正在为我加油，而不是生气。

无论如何，由于我决定去剑桥研究核糖体，我们需要竭尽全力做出进展，以弥补因搬迁而造成的时间损失。布赖恩·温伯利最初对他的第二个博士后要做冒险的研究项目持保留态度，但现在他已经解析了两种结构。单凭这一点，他的博士后可以说是很成功的，因此他也决定全心投入到 30 S 亚基的项目中。

现在，我们必须弄明白如何获得生产晶体的原初结构图所需的所有化合物。我做的第一件事是过一遍元素周期表，并获得每种会在同步加速器的 X 射线波长下产生强烈的异常散射信号的金属盐。主要包括镧系元素，例如钬、镱、铕等。要使用这些元素来获取相位并生成图谱，必须首先知晓它们在晶体中的结合位置。有一些计算方法应该可以让你直接定位它们，但以前从未在此类问题中进行尝试。如果单个金属盐的信号太弱怎么办？

　　然而，耶鲁大学的研究小组已经表明，至少可以在帕特森图中直接看到一个重原子簇。即使仅从中获得低分辨率相位，也可以使用这些相位来定位其他原子（如镧系元素）所在的位置。正在竞赛中的我们没有时间一样样试，因此在尝试直接定位镧系元素的方法是否可行之前，我觉得必须先打好基础。像艾达以及后来的汤姆和彼得一样，我也写信给乔治敦大学的无机化学家迈克尔·波普（Michael Pope），问他是否可以给我提供一些他的钨簇。他非常友好，并为我提供了他的整个化合物系列，这些化合物是无机分子，包含从11个到惊人的30个钨原子。他可能会很奇怪，为何一时之间从未听说过的各路晶体学家都开始对他的钨化合物感兴趣。我曾从斯德哥尔摩的冈瑟·施耐德（Gunther Schneider）那里获得溴化钽，他曾用其解析大型蛋白质复合物。科学有时确实依赖陌生人的友善。

　　我的策略很清晰。我可以像耶鲁小组所做的那样，从这些重原子簇（或从电子显微镜图）中获得低分辨率相位。然后，如果我使用它们来定位晶体中结合的异常散射信号的原子位置，那么我能逐步改善解析出高分辨率的相位，正式进入竞赛。毕竟，我的计算已经表明信号应该足够强。但是这些计算是从典型的蛋白质衍射强弱所得，30S亚基的衍射效果要弱得多，所以我不确定这个方法会否成功。这需要实验验证，祈祷数据会足够好。

　　大约在这个时候，一篇解析了迄今为止确定的最大RNA片段结构的论文让我看到了一个更好的选择。这个RNA的分子片段是汤姆·切赫曾报道的可以在不需要蛋白酶的情况下进行自我切割的分子，为此他共享了诺贝尔奖。他的博士后珍妮弗·杜德娜与他在科罗拉多大学博尔德分校的实验室启动了确定其结构的项目，当她加入耶鲁大学后，在耶鲁继续研究。詹妮弗是一位杰出的科学家，曾在哈佛大学的杰克·索佐斯塔克（Jack Szostak）那里取得博士学位，从事的是RNA催化研究。在成为切赫的博士后之后，她去了耶鲁大学，取得了一系列非凡的成就，并在加州大学伯克利分校继续辉煌。在过去的几年中，她在修改基因的CRISPR-Cas技术中的贡献举世瞩目，为此她赢得了无数奖项，并可能会获得诺贝尔奖。不同寻常的是她作为科学家曾在《服饰与美容》（Vogue）中出镜。与她一同在科罗拉多做同一项目的研究生杰米·凯特（Jamie Cate）跟随她来到了耶鲁大学。当然他所做的不仅仅是跟随她。他们很快就建立了恋爱关系，现在是汤姆和琼这样的明星夫妻。

杰米和珍妮弗的论文使用了我想在30 S亚基尝试的MAD方法，但是除了我正在考虑的镧系金属外，他们还选中了一颗更神奇的子弹。这是一种叫六亚甲基四胺锇（osmium hexamine）的化合物，以前没有人使用过它来确定大分子晶体结构的相位。从它与RNA分子的结合方式来看，我认为它可以在数十个位置与核糖体结合，这与镧系元素不同，镧系元素最多只能在10或20个位点结合，因此它可能产生更好的信号。

问题是它不市售。文章提到他们是从斯坦福大学著名的无机化学家亨利·陶伯（Henry Taube）那里获得的。我写信给陶伯，但这时候

图10.1　珍妮弗·杜德娜和杰米·凯特（由杰米·凯特提供）

我的运气用完了。他回复了我一封简短而略显脾气的信，说他已用完了所有材料，而他的研究经费已停止，没有额外的资源再生产这个化合物。我是由理论物理学家转为生物学家的，当然没有自己制备的技能。幸运的是，科学不仅取决于陌生人的友善，也倚赖朋友的友善。

解救我的朋友是布鲁斯·布鲁斯维格（Bruce Brunschwig）。我和薇拉在布鲁克海文的十二年间结识了布鲁斯和他的妻子凯伦（Karen）。从我刚到那里遇到他们的那一刻起，他们就打动了我，成为我想深入了解的人。在费城长大的布鲁斯有着东海岸犹太人那种稍显不敬的幽默感，我很享受，于是我们成了（并保持）非常亲密的朋友，部分原因是因为我们很合得来，还有部分原因是因为我们的孩子一起长大并上了同一所学校。他们与我们仅相隔几个街区，经常会在周末一起郊游，主要活动是布鲁斯和我在午餐之后打个长盹。

因此，绝望之下，我问经验十足的无机化学家布鲁斯是否可以为我制备六亚甲基四胺铱。他看了一下合成步骤，并说在他的技术人员的帮助下在几周内可能可以为我完成制备。他的性格特点使他拒绝成为后来让我广为人知的论文的合著者，他说这个合成只是个常规的操作。其他人比他贡献少得多也能成为作者之一，而没有他的帮助这个工作不可能成功。

最终，我集齐了我们所需的解析晶体结构所需的所有化合物。与约阿希姆和拉吉在IF3项目上的合作也进展顺利，我们很快就会获得30S的电子显微镜图，也许还可以用来获得初始的相位信息。冷藏室中稳定而缓慢的晶体产出为我们随时冲刺做好了准备。

一切顺利进行的时候，我又一次受到了冲击。我在犹他大学的一位同事布伦达·巴斯（Brenda Bass）在如何修饰（或"编辑"）mRNA方面取得了重要发现。我到达犹他州后不久，我发现她与生物化学家哈里·诺勒正在恋爱中，他以核糖体RNA的研究而闻名。我记得得知消息的时候很惊讶，至少部分原因是因为圣克鲁斯不在隔壁，而哈里很幸运，尽然能说服布伦达进入异地恋。但是，我也没多想，直到去布伦达家野餐的时候，遇到了从圣克鲁斯来访的哈里。我们交流了一下，他告诉我他们正在研究核糖体的晶体。晶体！没有晶体学经验的生物化学家哈里如何研究整个核糖体？原来他雇用了马拉特·尤苏波夫和他的妻子古纳拉（Gulnara），他俩是当年俄罗斯团队的成员，该团队从嗜热菌中制造了整个核糖体的第一批晶体。在史特拉斯堡的合作结束后，他们因被核糖体晶体学拒之门外而感到沮丧。

因此，当哈里发表论文表明他可以用分离的蛋白质和RNA重组30S亚基的头部时，马拉特写信给哈里，问他是否可以参与研究30S亚基头部的结构。哈里不是一个做事做一半的人（在这种情况下，应该说是整个核糖体的三分之一），30S的头部几乎不会告诉你任何核糖体的工作原理。为什么不来研究整个核糖体？

马拉特和古纳拉异常兴奋，这对夫妇立刻前往圣克鲁斯开始研究整个核糖体结构。马拉特告诉我，他向哈里建议他们与一位在解析困难结构方面经验丰富的知名科学家合作。相反，哈里倾向于将成果保留在团队内部，因此聘请了一位年轻的野心勃勃的博士后 —— 杰米·凯特。尽管起初竭力否认，但我意识到，聪明的杰米是少数几个能想出和我以为的绝密想法完全相同的从核糖体中得到相位信息的流程的人。

尤苏波夫夫妇有俄罗斯多年的专业技术来生产晶体，而杰米沿用他解析大型RNA结构的相同方法对核糖体进行尝试，因此哈里组建了一支完美的团队。在不到一年的时间内，我以为自己独特开发的一隅变成了四方竞赛，对此我兴奋不起来。剩下在犹他大学逗留期间，我对于要和布伦达讨论核糖体项目感到头疼，这很可惜，因为她是我崇敬的人，并且与我有着很多相似的科学兴趣。

决定搬到剑桥后不久，约翰·麦卡彻恩带着尴尬的表情过来见我。一开始他对于搬迁非常兴奋，但现在他不能去了。他现在和一个研究生同学正在恋爱中，这让事情变得复杂。技术员乔安娜·梅（Joanna May）也已成家，因此决定不搬去英国。突然之间，由于搬迁，我已经很小的团队的人数又将减少一半。

我参加了LMB的一年一度的学生日活动，希望能够说服一两个研究生加入。其中一位，是个标准的德国人，听了我的演讲后说："德国有一大群人一直为之努力了20年！是什么让您认为您会成功？"我试图告诉他，即使我们没有立即获得成功，或者被人抢先发表结构，仍然还需大量的工作来理解核糖体。在这次面试之后，他几乎马上加入了我的朋友和未来的实验室邻居永井清（Kiyoshi Nagai）的实验室。其他几个学生，包括来自剑桥的一个学生，似乎对这个问题一无所知。我认为招收他们只会让我们的研究放慢脚步。

失望的我在回程的飞机上思考为什么我要搬去LMB，这不是搬起石头砸自己的脚吗？回来后不久，我写信给LMB的托尼·克劳瑟，说我正在重新考虑整个计划。幸运的是，在接下来的几周里，有两个人勇敢地加入我在LMB的实验室，我们甚至都没碰过面：安德鲁·卡特（Andrew Carter），一名牛津大学的博士生以及迪特列夫·布罗德森（Ditlev Brodersen），一名被丹麦的奥胡斯大学大力推荐过来的博士后。以后我会发现，我不可能找到比他俩更适合与比尔和布赖恩互补的人选了。他们的加入让我感到幸运，这意味着我们将在LMB有一个可存活的团队。

搬去一个新的实验室总会浪费些时间，而在竞赛中搬到另一个大陆对我来说也很疯狂。因此，我想确保我们给自己一个良好的开端。从约阿希姆那儿，作为 IF3 项目的成果，我们获得了 30S 亚基的电子显微镜图。但是，我并不能从这些图和 X 射线数据在晶体中定位 30S——也许这些图的分辨率太低，也许 30S 晶体太薄且太平。但是，由于耶鲁小组已证明你可以在帕特森图中直接看到重原子团簇，因此实际上不必使用电子显微镜图作为起始来得到低分辨率的相位。

因此，比尔尝试将数十个晶体浸入我找到的每一种化合物中，1999 年 3 月上旬，与布赖恩一起，我们去使用了布鲁克海文的同步加速器，看看能从中得到些什么。同艾达观测到的重原子团簇会改善衍射的异常现象不同，我们的最佳衍射仍然来自我们没有结合任何化合物的"天然"晶体。通常的情况下，浸泡在各种化合物中的晶体在不同程度上都衍射得更差了。

我们选择的 X 射线的波长会使来自重原子的异常散射最大化，从而增加了对称相关光斑强度的微小差异。这些差异包含来自重原子的信号，使用这些差异制成的帕特森图谱将产生一个峰值，显示出重原子所在的位置。收集数据的同时，我们即时对其进行了处理，然后一个接一个地计算了帕特森图谱。

似乎没有一种化合物是有用的，我精疲力竭，慢慢沮丧起来。然后，在午夜之后，用浸有 17 个原子的钨团簇的晶体形成的帕特森图显示了两个明显的大峰。布赖恩和我互相看了对方，立即跳下椅子，欢呼击掌，吓到了一位正好在附近的物理学家。我们很快在同一晶体上进行了一些额外的实验，以确认峰的存在，当我们再次看到它们时，已经没有任何疑问了。

我们欣喜若狂地回到犹他大学。此后不久，仅从17个原子簇计算出的低分辨率图清楚地显示了30S亚基的轮廓及其在晶体中的堆积方式，我们算是一只脚踩进门了。

疯狂的是，在取得振奋人心的突破仅一个月之后，就是我离开犹他大学的时候了。比尔和布赖恩将继续与乔安娜待上几个月，帮助关闭实验室，然后跟着我去英格兰。在卖掉我们的房子后，我和薇拉于1999年4月15日乘飞机飞往伦敦。

第 11 章
横空出世

出国访问一年是一回事，不留后路地搬到另一个国家又是另一回事。所有国家都有其独特之处，我们对自己的风俗习以为常，而到了其他国家难免一惊一乍。因此，在美国我已经习惯了以下这些情况，许多看起来很正常的人拥有枪支，虽然通常没有什么很好的理由，大多数地方几乎不存在公共交通，许多人居住在郊区，到哪儿都得开车。在英国的学术休假期间，我们注意到诸如一成不变的官僚主义规则，并对此自鸣得意，任何形式的排队都以外国人无法理解的方式形成，所以其实你根本不在队伍里，客户服务体验很差，比如 —— 我最喜欢的例子 —— 当质问一些完全愚蠢的做法时，当地人觉得得到诸如"我们一直那样做"的回答是完全合理的。这在我们休假期间看起来有点古怪但同时迷人又古朴的习俗，成为我们生活的日常组成之后，便令人生厌。

我们卖掉了俯瞰盐湖谷和沃萨奇山脉的5居室房屋，在这里租了一处MRC名下的房子。从第一周开始，我们就开始寻找购房的机会。在决定接受这个工作之前，我曾询问过在剑桥一栋普通的排屋价格，觉得我们刚好能负担起一栋。在作出决定和实际搬家的这段时间，价格已经上涨了近50%，并且几乎每周都在上涨。一段时间以来，每所房子竞价都被别人超过，我们根本没法买房子这件事加剧了薇拉对于离开朋友和犹他漂亮的家的不满。更糟糕的是从一开始我就几乎全情投入于30S结构。

通常情况下，搬迁会大大减慢我们的步伐，但出于几个原因，实际上反而加快了进展。由于我们已经收集了此工作阶段所需的数据，此时搬迁是最明智的，因为LMB拥有非常出色的计算资源。这意味着我可以并行尝试大量计算方法，看看哪种有效，然后以此为指导进行下一组计算来加快工作进度。

事实证明，比尔将30S晶体浸入的所有化合物都是有用的。17个原子的钨团簇是唯一一个信号大到足以直接在帕特森图的不同部分中看到峰的化合物。尽管直接检查帕特森图谱并不能明显看到信号，但其他所有化合物也都结合了30S亚基。

当信号较弱时，有些程序几乎可以自动地找到重原子。其中一个是名为SOLVE的程序，该程序由洛斯阿拉莫斯（Los Alamos）的汤姆·泰威利格（Tom Terwilliger）编写。汤姆是杰出的计算晶体学家之一——他们编写每个人都使用的计算软件。他是一个开朗的人，很有幽默感，曾在洛斯阿拉莫斯国家实验室工作，他的妻子是附近圣塔菲国家森林的一名护林员。在比较各种解析MAD结构的方法时，我曾使用过他的程序。他的程序和其他程序计算效果一样好，并且是那时候最容易使用的。他的SOLVE试图自动寻找重原子化合物，而且来计算相位并产生电子密度图（即三维图像）。

　　布赖恩开始将30S的数据使用SOLVE进行计算,当我在剑桥的实验室安排妥当之后,他发现SOLVE在比尔浸泡过不同化合物的30S晶体中都已确定重原子位置的峰。其中包括所有其他簇,各种镧系元素和六亚甲基四胺锇。

　　最初,该程序将仅识别最强的峰,但是通过将不同数据组合在一起,它逐渐找出一些较弱的峰。将它们组合起来并不是那么简单,因为(通常情况下)添加重原子化合物会改变晶体结构本身。它们不再是同晶的,也就是说,由于结合了化合物,晶体中的30S亚基自身发生了微小变化。因此,来自不同晶体的数据不能轻易地组合。我们有大约15或20个数据集,需要找出可以为我们提供最佳图谱的组合。当时在LMB,拥有多个计算节点很有优势,因为我现在可以并行尝试许多不同的组合并比较各种图谱的优劣。

　　另一个奇特的优势是剑桥和犹他之间的时差。我会在计算机上提交多个工作,然后在每天下班时,将结果通过电子邮件发送到犹他,犹他比英国晚7个小时。布赖恩和比尔会在他们的白天看图谱,并告诉我哪些组合起作用,哪些不合适。因此,当我第二天早上再来实验室时,我会得到反馈结果。这有效地将我们的工作时间延长了大约7个小时,因此我们几乎全天候地在工作。

　　慢慢地,分子在我们的眼前出现了。最初,我们可以看到它的粗略轮廓——分子的位置以及与晶格中相邻分子的接触位置。然后更详细的形状开始出现,随着图谱的精进,我们能够找到更弱的位点(SOLVE无法自动识别的那些),将其放入计算中会使图谱变得更好。

　　就在我到达剑桥一个月后，突然显现在我眼前这样的结构：一个
长条的RNA双螺旋顺着30S亚基的表面而下。当时已经很晚了，我
做出了不合常规的举动，我冲出了LMB的图形室，找到以深夜工作而
闻名的理查德·亨德森。他也同意它看起来像一个双螺旋。我很兴奋
地把它发送到了犹他大学。我多希望他们看到的时候我也在旁边。

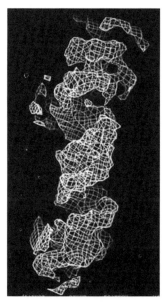

图11.1　激动人心的时刻 —— 能够看到清晰的RNA双螺旋，每条链上的小突起是磷酸酯基团

　　布赖恩很快在图谱上确认了30S的轮廓及其特征形状。之后他
又陆续找到许多其他的RNA双螺旋区域。我们知道30S中的RNA形
成大约40个螺旋，尽管其中一些螺旋非常短，不同于我们最初看到
的长螺旋（44号或者叫h44）。RNA螺旋形式称为A型，命名于罗莎
琳德·富兰克林以脱水形式首次观察到的DNA结构，与她之后所见

的水合后的B型常规DNA不同。我们可以轻易地分辨A型螺旋的特征为狭窄但较深的主凹槽和较宽但较浅的次要凹槽。我们最好的图谱大约在5.5Å的分辨率上,这意味着随着RNA的螺旋的每个弯曲,我们甚至可以看到沿着山脊的一系列磷酸酯基团的凸起。我们的解析策略甚至超出了我们的预期。

这个时候,我的同事丹妮拉·罗兹(Daniela Rhodes)建议我们在《自然》杂志上发表我们的结果。丹妮拉因其在染色质方面的研究而闻名,但她也曾在20多年前与亚伦·克勒格和布赖恩·克拉克合作完成tRNA的重要研究。在我休假期间,我们已经成为好朋友,她也非常支持我搬到剑桥。她向《自然》杂志的一位编辑介绍了我们的研究结果,这位编辑联系了我们说他对出版这个结果很感兴趣。我们认为一份简短的描述我们进展的报告将是宣示主权的好方法。出于历史原因,《自然》杂志中的这些简短报告被称为信函,而不是篇幅更长、内容更丰富的文章。但是文章更长并不一定代表更好或更重要。沃森和克里克描述DNA的双螺旋结构是《自然》杂志上最著名的论文之一,是一篇大概只有800个单词的短文。

但是我们的密度图似乎有些问题,可以在其中看到很多RNA,却没有蛋白质的迹象。但它们肯定在那里,因为30S亚单位中大约有20个蛋白质。也许是因为它们不像RNA那样密集排列,所以没有出现在我们的图谱中。我想到这一点是因为发现某些比RNA双螺旋薄得多的管状结构,看起来它们似乎是蛋白质经常形成的α螺旋的正确大小,在某些位置,这些小管彼此的排列方式类似于这些螺旋在蛋白质中堆叠的方式。我写信给布赖恩,告诉他我所看到的,然后上床睡觉。

第二天早上上班时，我并不知道惊喜正等着我。当然，我原本就等着从犹他收到一封类似往常的电子邮件，告诉我我睡觉时发生了什么，但是那天早晨，有好几封来自布赖恩的电子邮件。首先他告诉我，是的，他意识到我们错过了蛋白质在图上的电子密度，并且现在他确定了其中一个蛋白质，即S6。

以我们获得的分辨率，我们无法从头开始构建新蛋白质，但是如果已知结构，则可以将其放置在三维图中，以匹配大致的电子密度分布。安德斯·利亚斯曾与玛丽亚·加伯合作解析了S6的独立结构。蛋白质通常由不同结构元素组成，如 α 螺旋在此分辨率下应看起来像管子，而延伸的 β 链则来回形成平板。布赖恩可以使用S6的原子结构并将其放置在30S的电子密度图中，只需简单地对准管状螺旋和平坦的 β 片的位置即可。第一次，我们可以直接看到蛋白质在30S中的位置，以及它如何与RNA相互作用。这就像是详细了解单独的方向盘是什么样子，然后第一次看到它在整个汽车的模糊图像中的位置。

但这还不是全部。在一个晚上的过程中，布赖恩一次又一次地定位了一种又一种蛋白质，直到他在30S图中找到了所有7个先前已知的蛋白质结构。实际上，尽管他知道S5在哪里，他故意将S5留给我来放，因为他知道这是我曾经解析的第一个蛋白质结构，对其情有独钟。在30S亚基中放置蛋白质的兴奋劲，在布赖恩看来就像在吃薯片一样。一旦完成第一个放置，他就无法停下来。

很多零件一个个被放置在组装成的机器的模糊画面中。最初，当我们看到RNA螺旋时，我们不知道它是核糖体RNA的哪一部分。有了这几种蛋白质，就可以鉴定它们旁边的RNA片段，因为哈里和理查德·布里马科姆（Richard Brimacombe）等人提供了许多生化数据，可以显示哪些蛋白质与哪些RNA片段相近。幸运的是，布赖恩脑子里记得很多数据，或者知道可以去哪里找到信息。很快，他就确定了S6附近的RNA片段，并从那里向外推演，直到他可以看到称为中央结构域的RNA整个部分是如何折叠的。这是比我们现阶段预期的大得多的突破。我们看到了30S亚基中约三分之一的分子结构、蛋白质和RNA相互连接形成精妙的复合结构。布赖恩的判决是："这看起来更像一篇长文，而不是一封短函。"确实，我们必须立即开始写论文结果。

这个突破来得很是时候。下一次的核糖体会议在一个月后的六月于哥本哈根北部举行。当我还在犹他大学时，我在最后期限之前与组委会取得联系，当时我们没有任何具体的结果，但我们知道我们的晶体很好，并且即将开始收集一些数据，最坏的情况下，我会说我们加入了竞争，并且取得了一些进展。在此基础上，我问组织者之一罗杰·加勒特（Roger Garrett）能否作简短的报告。我提交的摘要或总结写得很模糊，说我们要报告30S亚基结构方面的进展，几乎没有提到比含糊的标题更多的信息。尽管没有实质内容，加勒特还是在大会开幕夜的会议小节最后给了我介绍整个核糖体或其亚基结构的机会。他后来告诉我，会议委员会开会时，彼得·摩尔怀疑我们是否会有任何实质性的进展，因为他几个月前刚在布鲁克海文见过我（就在我们开始收集数据之前）。没错，那时我什么都没有。但是加勒特说，他想赌上一把，因为觉得我好像藏着些好东西。我们从未想到进展会如此之快。

接下来的几周，我们努力地解析我们的研究结果，并为《自然》写一篇逻辑缜密的文章。我想在我公开报告之前寄出我们的论文，因为一旦消息传开，每个人都在疯狂地争抢发表他们的结果。这就是分隔两地工作不好的地方。在这种情况下，每个人会做互补性的任务，例如绘制图形或撰写不同的部分。他们通常有不同的时间安排，并不总能看到其他人在做他们的工作。在最后期限的压力下，每个人总觉得其他人没有足够努力而爆脾气。通常我会将这些紧张感扼杀在萌芽状态，但我当时不在那儿，不得不远距离安抚大家。最终我们把稿子写好了，在去丹麦之前，我邮寄了3份拷贝到《自然》杂志。

从哥本哈根机场到古朴的赫尔辛格小镇的火车要大约一个小时。它在瑞典的海峡对面，英文名叫埃尔西诺（Elsinore），因《哈姆雷特》而闻名，每年这出戏剧都会在那里演出。史蒂夫·怀特和我同住一个房间，很早以前就告诉过史蒂夫我们要开始研究30S亚基。像许多人一样，他对此有些怀疑。当我们在30S图中找到7个蛋白质时，我觉得必须立即让他知道，因为他会在会上谈论它们单独的结构。我们的进展意味着他关于单个蛋白质工作的报告会索然无味。所以我之前打电话让他知道了这个情况，但这是在我们解析了30S亚基一个完整的结构域之前，表明了RNA是如何折叠以及蛋白质如何与之结合的。当我们在丹麦会面时，我告诉了他我们工作的全部内容，他对我们的进步感到有些震惊。但作为一名绅士，他的态度很客气。并非所有人都能这样。

大部分与会者从下午开始进场，晚餐前有一节会议，报告人依次为汤姆、艾达、杰米和我。除极少数人外，这是第一次大家开始意识到我在对整个30S亚基进行研究。突然之间，我感到前所未有的紧张。

报告从汤姆开始，描述了他们在50S结构上的进展。现在他们的分辨率与我们相似，并且可以在其中的RNA和蛋白质上看到相似的特征。他们还识别了一些蛋白质和RNA部分。他报告后，艾达起身并试图指出他应该根本看不到蛋白质，因为50S亚基的晶体是在高盐中长出来的。她的观点是，浓盐溶液的电子密度会很高，以至于蛋白质的对比度极低，因此不可见。汤姆不同意她的意见，而她坚持她的看法。最后，他失去了耐心，双臂交叉，说：“我已经用3摩尔的硫酸铵解决了很多结构。您解决过多少结构？”台下一阵尴尬的沉默，讨论到此为止。

然后艾达站起来演讲。她报告了最新的30S晶体的进展，并显示了包括两个蛋白质的图谱。但是，与汤姆的图谱不同，她并没有展示出蛋白质明显的特征和整体形状，没有任何突破性进展。

接下来，杰米·凯特站起来报告他们在整个核糖体方面的进展。考虑到他的背景，我预计他会使用六亚甲基四胺钺通过MAD对数据进行定相。实际上他使用了非常相似的六亚甲基四胺铱，后来他告诉我，这制造起来要容易得多。这些图谱的分辨率约为7.8Å。这意味着他看不到耶鲁大学或我们小组所能看到的蛋白质结构，但他非常清楚地显示了RNA双螺旋的凹槽，包括我们看到的30S表面长的螺旋。在他的报告中，最有趣的是，我们从未如此清晰看到贴在两个亚单位之间的3个tRNA和整个核糖体的形状。

然后轮到我了。我首先说了如何得到衍射良好的30S亚基晶体，不必将其稳定在任何化合物中，只需小心地纯化它并除去仅部分结合的一个蛋白质成分即可获得均质的30S亚基。然后，我描述了在解析图谱方面的进展。我说让布赖恩在这些图谱上摸索就像给一个少年一串法拉利的钥匙——这一说法后来在《科学》杂志上被引用，导致他的母亲后来叫他法拉利男孩。我看到哈里坐在前排，这个说法吸引了他，因为他也对法拉利情有独钟。最后，我谈到了布赖恩如何弄清了整个域的结构。在我的演讲之后，全场完全沉默，之后主持会议的安德斯·利亚斯问我们已经做了多长时间，他一定为这次突如其来的结果感到震惊。艾达问我是如何得出结构的相位的。我不想透露太多，因为这些结构还远未解析完成，但我大致说了使用的重原子簇和其他化合物。其实我的沉默带着傻傻的偏执，因为杰米已经公开了他们的解析策略，完全与我们相同。但是很难改变自己的心态，而且我仍然害怕别人从后面迎头赶上。之后还有几个提问，会议小节就结束了。我们不仅赶上了这个领域，而且至少在此时比其他任何一个团队都构建出了更多的核糖体结构。

人们在前往饭厅的路上开始激烈地交流，房间里嗡嗡的谈话声四起。所有人都立刻意识到，40年后，核糖体领域将发生巨大变化。很多人称赞我们的工作，汤姆对此表示祝贺，但似乎对于我提前没有任何透露，甚至演讲前都守口如瓶有一点不高兴。彼得似乎为自己的门徒感到骄傲。哈里看上去若有所思，也对不知从何处冒出来的我们感到非常惊讶。

并非每个人都很高兴。许多试图使用生化工具了解结构的生物化学家突然意识到他们的工作方式即将结束。其中最重要的是理查德·布里马科姆，他像哈里一样，是为数不多的一生致力于研究核糖体RNA部分的核糖体生物化学家之一。这位英国人在柏林维特曼学院度过了他的大部分职业生涯，他在20世纪60年代与马歇尔·尼伦伯格（Marshall Nirenberg）合作研究遗传密码时就对蛋白质翻译问题产生了兴趣。近期他的主要想法是将他、哈里和其他人辛苦获得的生化数据整合，这些由电子显微镜产生的低分辨率斑点图像可以告知哪个蛋白质在哪个核糖体RNA片段附近。他使用的电子显微镜图是由约阿希姆·弗兰克的竞争对手马林·范·海尔绘制的。问题在于数据不够准确，图像不够详细，无法清楚地识别特征。但仍然有很长一段时间，这个方法被认为是获得某种近似核糖体分子模型的唯一方法。奇怪的是，他的方法在比30S更复杂、更大的50S亚基上走得更远。但是那天晚上的会议之后，他可以看到他很快就会被核糖体高分辨率结构的发展所淘汰。对他来说，在这次会议的晚些时候给出报告绝非易事。

彼得·摩尔在会中感到大家的不安。他在会议结束的总结发言中，试图通过援引丘吉尔的话来减轻他们的恐惧："这不是终点，这甚至还没到结尾的开端，但这可能是开端的结尾。"当然，对于那些专注于核糖体如何运作而不是外观形状的生化学家来说，这是事实。

对于20年前就开始进行晶体结构工作的艾达来说，突然看到别人取得如此迅速的进步并超越她，这是难以消化的事实。会上的好几个人告诉我，她对汤姆和我的态度不太友善。我可以想象她对于自己长期占领的领地突然受到四面八方的入侵是什么感觉，因此在撰写会议合集的一章时，我认为合适的做法是先描述她在50S晶体上的突破，以及该开拓性工作如何为后来的发展铺平了道路。后来这成了该书开篇章节的开篇段落。但是，如果我天真地希望这种敬意会安抚艾达，并带来和平与善意，那么我很快就会感到失望。接下来的几年变成了异常激烈而辛辣的竞争。

不管会议报告看起来有多神奇，到目前为止，即使是耶鲁大学和我们的研究成果，也只是进度报告，此阶段的图谱我们能做的事情有限。如果已经知道分离出的单独蛋白质的结构，我们可以将其放入图谱中，但是分辨率不足以构建没有任何前期信息的核糖体部分。因此，我们无法真正弄清完全未知部分的结构。而且，即使是我们可以构建的零件模型也只是近似的。图谱可以告诉我们粗略的结构，但不能告诉我们详细而准确的原子结构，不足以了解其化学机理。既然我们已经证明了晶体学是可行的，那将是一场争分夺秒的竞赛，看谁先获得高于3.5Å分辨率的数据，然后为每个亚基建立完整的原子模型。

在彼得看来，这似乎是不可避免的。在会议上，我遇到了想加入我实验室的迪特列夫·布罗德森。我向彼得介绍他，并说他将以博士后的身份加入我的实验室。彼得调侃地问他是否善于使用RIBBONS，这是当时展示蛋白质和RNA结构的领先计算机程序。他开玩笑说这个结构将很快被解析，因此迪特列夫要做的仅仅是为文章画图。不幸的是，事实并非如此——尽管迪特列夫确实掌握了包括RIBBONS在内的诸多技能。

第 12 章
差点误船

布赖恩和我在狂喜中从丹麦归来。此后不久,美国举行了核酸会议。耶鲁团队和我都没去,但哈里在。布赖恩去该会报告了我们的工作进展,告诉了我许多会议趣事。

哈里收获了许多赞誉。关于诺贝尔奖会颁给核糖体方面的研究已经猜测颇多。会议上的一位年轻女士问哈里是否可以带她去斯德哥尔摩,并请他为她的徽章签名。布赖恩还告诉我,在吃饭时,哈里说:"文奇的麻烦在于他做这方面工作的时间不够长。"什么叫足够长?被视为领域领导者之一?我认为这是一个非常奇怪的评价,因为自从博士后以来,已经超过20年的时间,我一直从事核糖体研究。很明显,在结构真正解析之前,政治就已经开始影响这场竞赛了。

我们给《自然》的投稿按常规操作发送给了3位匿名审稿人。其中一位是史蒂夫·哈里森(Steve Harrison),看到文稿他非常兴奋,他不仅为我们提供了如何改进文稿的详细建议,而且还公开了他作为审稿人的名字。他的一些评论有点像个大家长,比如划掉一整个描述我们突破原因的段落,并评论道:"别吹牛!"也许我们对自己的成功有些飘飘然了。

我们已经向《自然》杂志投稿研究结果的消息在丹麦会议上就传开了。就像我所预期的那样，这激发了其他实验室争先恐后也要在大约同一时间发表他们的结果。此后不久，耶鲁大学小组也将他们在50S上的研究提交给了《自然》杂志；期刊将我们的文章拖了一段时间，以便两篇文章能在同一期一起出现。尽管最初这让我反感：我们没有单独站在阳光下享受荣耀，但事后看来，这两篇论文确实是很好的互补，两个亚基各一篇。两篇文章引起了小小的轰动，一些期刊也刊登了有关它们的新闻。

哈里也很忙，不久之后就将整个70S核糖体的论文提交给了《科学》杂志。参与竞争的不只是科学家，期刊也是如此。《科学》杂志大张旗鼓地发表了他的论文，其中包括一位记者伊丽莎白·彭尼斯撰写的关于核糖体研究竞赛的报道。她在一个月前就在我们的《自然》杂志上写了一篇短文，其中简要提到了艾达和哈里。这次，她想做更长篇幅的报道，并开始与各种人交谈。我建议，如果她想与核糖体领域之外受人敬重的科学家交流，可以找史蒂夫·哈里森。

不过，史蒂夫因为彭尼斯在早先的文章中对艾达不屑一顾的态度而拒绝与她进一步交谈，称她应该与海德堡的马克斯·普朗克研究所的著名生物物理学家肯·霍尔姆斯（Ken Holmes）交谈。肯通过证明同步加速器产生的强烈X射线（以前主要用于高能粒子物理学）可以用于生物分子衍射研究，从而永远改变了结构生物学的世界。他和格德·罗森鲍姆（Gerd Rosenbaum）在汉堡的DESY同步加速器上建立了第一条X射线衍射光束线。我在一年后遇见格德时，他给我留下了十分卓越的印象，作为X射线光学和仪器方面的专家有时显得有些偏激、爱钻牛角尖。马克斯·普朗克学会为艾达建立的专门实验室坐落在汉堡的同步加速器外，她早期的数据也大多在那里采集。肯见证了多年来艾达在这一研究上的努力，因此他对我们没什么好感。引述他的话说："她完成了大部分累活的时候，其他人跳出来了，他们本该留给艾达一片净土。"对此言论，我感到震惊和沮丧——它证实了我一开始对其他人会如何看待我们努力的担心。幸运的是，大多数人对这些突破感到高兴，并给予了极大的支持。仅仅两年后，当我第一次有机会面见肯时，他对我们很友善，并称赞了我们的工作，从那时起我们一直保持了良好的关系。

彭尼斯的文章还引用了约阿希姆·弗兰克的话，称我为丹麦会议的黑马。她的本意是称赞，表示我的横空出世让众人惊讶。但是，因为这些话与肯的言论出现在同一篇报道中，结合不久前我听说的哈里的评价，我发现自己对此无法理性地克制厌恶感，这是贬低我的努力，认为我只是半路出家的新人的言论。其实由于我们一开始比别人落后而刻意选择了低调，我没有理由抱怨黑马的描述。但这导致我的同事乱开玩笑——有些关联到我的深色皮肤。一位朋友将我的头像照片叠加到一匹黑马的头上，说我可以在我的演讲幻灯片中用来做商标。另一个想法是将其缩小到幻灯片角上的一个点的大小，并随着幻灯片的进行逐渐变大，这样，只有在演讲结束时，它才会明显看出是马头——用以致敬大卫·利恩（David Lean）《阿拉伯的劳伦斯》中著名的主角奥马尔·谢里夫（Omar Sharif）出现的场景。

突然我受到科学界瞩目，被推到一个全新的、不太舒服的位置。我也不能因此而分心，因为真正的目标——完整的原子结构——仍然离我们很遥远。现在，获得核糖体亚基的第一个原子结构将是耶鲁大学和我们之间的一场激烈竞赛，至少我是这么想的。毕竟，70S晶体的质量不足以产生原子结构，而艾达似乎落后了。

无论如何，是时候回归工作状态了。我们需要新的晶体和高分辨率数据。实验室的其他人带着更多的晶体从犹他大学飞往布鲁克海文，我也从英国赶过去。既然我们知道哪种化合物是最有用的，现在我们可以只使用这些化合物收集更多可以提供更高分辨率的数据。但是，即使采用了这种专注的策略，我们的这趟旅程仍然毫无收获，没有改善我们以前的图谱。令人难忘的倒是因为我无意中将大家锁在租来的两辆车外，在布鲁克海文实验室南侧的雪莉购物中心等了几个小时才等来公司的解救。显然，我们需要在英国重新开始。

当我在布鲁克海文时，薇拉找到并成功竞标了格兰切斯特（Grantchester）的一所房子，这是一个风景如画且历史悠久的村庄，位于实验室以西三英里处，因此我可以不再担心住房问题专心工作了。LMB在以前亚伦·克勒格的旧实验室给了我4条实验室工作台。也是在同一个房间，我在学术休假期间与韦斯·桑德奎斯特一起工作，许多以前在这里工作的人后来都声名鹊起。当我在秋天开始组建实验室时，这间屋子承载的厚重历史带给我不少压力。

我打广告招募技术员，然后聘用了罗伯·摩根-沃伦（Rob Morgan-Warren），他是一个诚恳又健壮的年轻人，有着黑带的武术级别，刚从伯明翰大学毕业。他和安德鲁·卡特是第一批抵达的，我带他们学习了制备核糖体的基本知识。安德鲁和我花时间弄清楚如何使用新的色谱系统，之后他很快就接管了设备。大约在这个时候，比尔从犹他赶到，与安德鲁和罗伯正式见面。比尔和安德鲁之间的差别对比不能更大了。安德鲁来自一个学术家庭，曾就读于温彻斯特公学，这是该国最古老的公立学校 —— 英国意义上的公立学校，意味着根本不是公立学校，而是彻底的私立。之后他去了牛津大学学习生物化学，然后来到LMB攻读博士学位。不仅他的精英教育经历与比尔有很大不同，他们的兴趣和个性也显示这样的差异。尽管比尔已经是一位经验丰富的博士生，成绩斐然，但安德鲁对自己的智识非常有信心，不是那种愿意屈服于比尔或其他任何人的人。聪明的人往往有很强的个性。与比尔、布赖恩和安德鲁一起，我可以看到确保团队中的成员和平相处并共同工作几乎与解决30S亚基一样困难。

这个夏天布赖恩在科学上进展神速，但个人生活却动荡不安，正经历离婚。他甚至曾短暂地怀疑是否应该来我剑桥的实验室。布赖恩终于露面时，我的心放下了，他看起来因为离婚的事有些疲倦，但已为下一个阶段做好了准备。

最后到达的是迪特列夫·布罗德森。我们曾在丹麦短暂相遇，但会议期间忙得不可开交，因此我们没有太多时间聊天。事实证明，他不仅聪明，而且涉猎极广，从计算到做实验都很精通。他也很友善，好相处且幽默，这些特质将在来年受到严峻考验。

随着剑桥团队的组建，是时候再次好好工作并生产更多的晶体了。每个晶体学家的噩梦就是搬到不同的实验室时因为使用不同的化学物质来源，甚至是冷藏室很小的温度变化都可能意味着突然什么都做不出来了。幸运的是，我们仍然能够制备出像样的晶体，同比尔和我带到布鲁克海文的质量一样。但这并没有带来改善。

一个严重的问题是，与50S晶体相比，30S晶体的衍射点在我们需要达到高分辨率的高角度时非常弱。更糟糕的是，布鲁克海文的光束线照射下这些高角度光斑分散在更大的区域上，使其强度更加难以测量。为了准确地测量微弱数据，我们必须让晶体更长时间暴露在X射线下。这意味着，即使照射晶体是在低温进行的，收集数据时，晶体仍会受到损害，因此无法将分辨率提高太多。我们已经达到了我们在布鲁克海文可以做的极限。

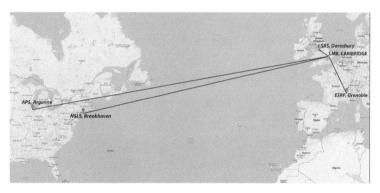

图12.1　加入核糖体实验室，看看世界各地的同步加速器（地图数据©2018，Google，INEGI ORION-ME）

在离LMB较近的地方，我们可以使用两个同步加速器，其中一个位于英格兰北部的达斯伯里，一个老式的同步加速器，另一个强度更大的同步加速器——欧洲同步加速器辐射设施（ESRF）位于法国格勒诺布尔。我们很快就发现在达斯伯里无法收集到更好的数据，但这个同步加速器用来检查晶体的质量效果还不错。ESRF可能更有用，因为它有一条相对较新的光束线，还在使用磨合期。但这不是最严重的问题。高强度的格勒诺布尔光束线意味着晶体会更快地死亡。这就表示我们将需要大量晶体才能从每个重原子衍生物中获得完整的数据集，如果我们要进行MAD实验，则每个浸泡的化合物需要收集三组完整的数据集，而非一组。但是晶体非常多变，并非所有的晶体都能很好地衍射以收集高分辨率数据，我们也不十分清楚为什么。即使是那些衍射良好的晶体，相互之间的重复距离或晶胞也略有不同。

我们被困住了。我们无法仅从一个晶体收集高分辨率数据，因为它在收集到完整数据之前就被损坏。但由于不同晶体间的变化很大，我们也无法合并大量晶体的部分数据来生成完整的高分辨率数据集。这意味着我们将无法改善已有的分辨率。来自丹麦的幸福感消失殆尽。在接下来的几个月中，我一直专注于寻找摆脱困境的出路。

我如此专注以至于有一天我发现比尔制作了一张流程图并将其固定在实验室的门上。标题为"文奇的思想思维模式流程图，2000年1月"，右上角有一匹黑马的照片。

值得称赞的是，比尔和迪特列夫愿意尝试各种新想法来解决问题。对于辐射损伤我们仍未完全了解，但基本上是以下两类损伤：初级和次生。对于初级损伤，我们无能为力，在初级损伤中，X射线将电子从轨道上撞出而使化学键断裂。但是我觉得我们可以尝试将次生损伤降到最低，分子的某些损害会产生反应活性很强的自由基，这些自由基会扩散并造成进一步的损害。我的硬核化学知识很少，抓耳挠腮寻找化合物添加到我们的晶体中，以在自由基破坏我们的核糖体之

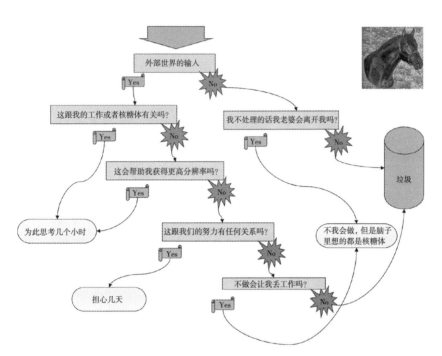

图12.2 作者在1999—2000年期间的思维模式流程图（由比尔·克莱蒙斯提供）

前清除它们。迪特列夫尝试了一些化合物，诸如抗坏血酸（也就是维生素C），但没有一个起作用。如果我们不能减慢辐射破坏的速度，也许我们可以使晶体更加均匀，这样我们就可以使用很多晶体，将每个晶体在破坏之前产生的一小部分数据整合在一起。这激发了一个疯狂的想法。如果所有晶体形成的开始都是一样的，但是由于冻结速率不同，它们以不同程度膨胀或收缩而导致最终彼此不同呢？到现在为止，比尔已经开发出了一套固定流程，用于在冷藏室中冻结大量晶体这项烦琐而不太愉快的工作。他会穿上外套，进入冷藏室，准备好所有设备，然后设置好一套微型立体声系统，放上他最喜欢的约翰尼·卡什（Johnny Cash）的CD，在接下来的几个小时一刻不停地人工捞出

图12.3　上：迪特列夫·布罗德森和安德鲁·卡特，下左：比尔·克莱蒙斯在冷藏室里冷冻晶体，
下右：在实验结束时，比尔·克莱蒙斯和罗伯·摩根-沃伦手握数百个空的小瓶和棍子

一个又一个晶体，使用的是磁性金属底座伸出的长钉（末端带有圆环），然后将其快速倒入液氮中冻住，并将其存储在小瓶中。罗伯在整个过程中担任他的助手。经过一轮这样的操作，他们将有几十个充满液氮的小瓶，每个小瓶中都有一个晶体。将小瓶放入可容纳4到5个晶体的金属棒中，然后将其全部存储在含有液氮的杜瓦瓶中（一种真空瓶），等待运至同步加速器。即使整个流程主要由比尔一个人操作，过程也许还是太多变了。

　　我的同事菲尔·埃文斯听说我的困扰时，给我看了一台工作原理有点像断头台的设备。从液滴中捞出晶体后，将组件（含晶体的环指向下方）连接到断头台的顶部，断头台的下方是装有少量液氮的容器。一旦踩下踏板，断头台就会掉落，因此晶体都将以完全相同的速度垂直地浸入液氮中。

　　比尔也认同这可能是解决我们问题的方法。如果这个想法行得通，它将使我们摆脱困境。比尔一如既往地热衷于尝试任何新事物，于是取出了几百个最好的晶体，这些晶体花了大约八周的时间长成，然后将其浸泡于各种重原子化合物中，最后使用断头台将其全部冷冻。

　　周末，比尔和我的团队将晶体带去达斯伯里（Darysbury）同步加速器。那个星期天的早晨，我接到比尔的电话。"你知道，老板，"他开始说（他总是讽刺地叫我老板），"法国大革命不是一件好事。"我完全不知道他在说什么。事实证明，断头台从未用于冷冻晶体。它实际上是一种用于电子显微镜插入铜网的设备。因此，每次比尔用它冷冻晶体时，断头台会先掉下来，然后轰地一声，晶体会从环中飞出，永远消失在液氮容器中。因此，他们所观察的每个环都是空的，只有其中一个晶体刚好在脱离环之前就已被冷冻了。环像一只手，从其中伸出的长长的晶体像是给比尔比了一个中指。

　　我们失去了200个最佳的晶体。更重要的是，由于晶体要花很长时间才生长起来，所以我们在激烈的比赛中又倒退了至少两个月——都怪比尔和我没觉得需要先检查断头台装置，尝试几个晶体，然后再用到所有晶体上。周末余下的时间我在震惊之中度过。但是，除了制造更多的30 S亚基并使其结晶化这一艰巨的工作之外，别无他法。

　　就在等待更多的晶体长成之时，我意识到，即使我们有很多匹配的晶体，仍然会有问题。我们获得相位的整个策略取决于锇等特殊原子的异常散射，导致对称关联的点（被称为弗里德尔对）之间产生了很小的强度差异。为了计算结构，我们必须非常准确地测量这些小的差异。如果我们收集的数据相对于光束没有精确地对称排列，那么这两个斑点将在不同时间被测量，因此一个光斑相对于另一个会遭受更多或更少的辐射损伤，这必须进行修正。

　　又或者，由于我们的晶体仅在光束中存活很短的时间，可能经常需要在不同的晶体上测量这两个点，而由于晶体的大小和形状各不相同，因此我们必须校正每个晶体的数据以将它们置于相同的测量尺度之下。无论哪种方式，校正中的误差本身都可能比我们试图测量的微小差异大得多。

　　解决该问题的一种方法是将晶体沿其对称轴非常精确地对齐，以使衍射图样看起来是对称的，也就是说检测器左侧的图样看起来像右侧的镜像。在这样的情况下，当旋转时，任一侧上与对称关联的斑点就会同时出现。通过同时测量来自同一晶体的一对中的两个斑点，我们将消除许多由于补偿不同晶体尺寸和辐射损伤而产生的误差。

　　当你用环捞出晶体的时候，如果晶体能坐入环中，已很幸运，你无法控制其方向，甚至无法控制它在环中的位置。在大多数仪器上，你可以使晶体在光束中居中，但无法将晶体排成衍射光斑对称的方位。但是，如果你使用的X射线仪器包含可以将整个晶体装置，即环中的晶状和金属底座的整个组件，绕不同的轴旋转，那么你可以先进行几次测试，从中可以计算出晶体相对于设备的精确方向，然后使用控制设备各个轴转动的电动机使晶体完全与光束对准，不论晶体在环中的初始方位如何。我们曾经在布鲁克海文使用过这种装置来调整方位，它叫作卡帕测角仪。问题是，尽管格勒诺布尔的ESRF光束线一直在稳步改善，它没有这种测角仪。

我觉得解决问题的办法就是使用芝加哥郊外阿贡国家实验室的先进光子源（APS）的光束线，它既具有格勒诺布尔光束线的高强度，又有卡帕测角仪。它是由格德·罗森鲍姆精心设计的，他与肯·霍尔姆斯合作在汉堡DESY同步加速器上设计了第一条X射线衍射光束线。1999年10月中旬，意识到我们需要它时，我就写信给管理光束线的安德烈·乔奇米亚克（Andrzej Joachimiak），问我们是否可以申请一些机器上的使用时间。它刚刚向公众开放，但在此之前的"测试阶段"，我就知道艾达在那里收集了很多数据。我没有得到回复，因此在11月初再次写信。他给我写了一个简短的回复，说他会在周末与我联系，而我最早能等到的时间是在明年的年初。我没有收到他的回音，因此我在11月下旬再次写信。

11月等到了12月，我不断收到有关耶鲁小组进展的消息。终于，在12月中旬，我听说他们为达到3.1Å分辨率小小庆祝了一番。这意味着他们已经解决了分辨率问题，并且将能够在图谱中构建原子结构。最后，我还听说他们在APS上获得了更好的数据。

2000年元旦，世界范围内都在举行千年来临的重大庆祝活动，但我对我们毫无进展的状态感到沮丧。我感觉就像一个在比赛中前几圈领跑，但现在却无可避免地落后的人。1月3日，彼得写信说他正在曼彻斯特进行演讲，并问我是否希望他到剑桥造访，并讨论他们的结构。尽管这让我很受伤，但我无法拒绝 —— 这是所有人，不仅仅是我的团队的极大的兴趣点。我借此机会向他询问了有关 APS 的信息，他说他们在那里收集的数据比他们在其他地方获得的任何数据都要好得多。我立刻知道询问使用时间是明智的决定。我告诉彼得，我被困住了，我们早在10月中旬就要求 APS 仪器上的使用时间，但仍未收到相关答复。保罗·西格勒是彼得在耶鲁大学的同事，就是四年前在西雅图晶体学会议上被要求提早走下讲台的科学家。我知道他是监督 APS 光束线的委员会的一员，而且安德烈曾经是他的博士后。所以我问彼得，他是否可以和保罗谈谈。我还再次写信给安德烈，并在他的电话上留下了几则语音信息。第二天，即1月5日，我收到了彼得的答复，说他将与保罗谈谈，考虑到这则交流后来对我的影响，整个故事听起来很符合圣经。

接着，1月6日，彼得写信说，保罗已经联系了 APS，希望他们会尽快跟你联系。隔天，安德烈发来一封电子邮件，为延迟回复表示抱歉，说他一直很忙，但他们可以给我三月下旬的使用时间。这将是3个月之后，而距离我最初与安德烈联系就得有6个月了。这意味着我们的主要竞争对手利用这条束线取得成功时，我们已经损失了6个月的时间。当然，我不会拒绝安德烈给的时间。

4天后的1月11日，我收到了令人震惊的消息。保罗在上班途中死于严重的急性心脏病。保罗之死在许多方面都是一场悲剧。他是结构生物学的杰出人物，曾培养出许多杰出的科学家，他只有65岁，还挺年轻的，之后还能做许多年的研究。整个事态的发展让我难过。但这也让我再次意识到科学如何取决于诡谲的命运。如果前一周我没有写信给彼得，而保罗没有立即为我们联系，我不确定安德烈是否会及时做出回应，也许我们就此彻底退出获得第一个原子结构的竞争舞台。

这一点在不久之后逐渐清晰，因为几周后，格勒诺布尔的ESRF同步加速器为他们的用户举行了一次会议，我和艾达都被邀请进行演讲。我本来没有打算展示我们的最新研究，当然这也不重要了，因为我也没有什么新鲜事可以报告。因此，我根据几个月前已经发表的内容进行了演讲。在我播放第一张幻灯片之后，听到了喀哒声，转身看到观众中有人在拍照。我以为他是同步加速器通信的记者，但随后我在按下一张幻灯片时又听到快门声。之后的每一张都是。这个人原来是和汉堡艾达团队一起工作的人。当我写信给他说我很乐意将演讲稿发给他时，他说，他已经被前同事"要求对我的演讲做一个小报告"。未经他人许可而对某人的报告拍照是非常糟糕的行为。他们一定觉得赌注很高，值得让某人这么做，但是这一次，他们并没有从我这里得到未发表的东西。

有趣的是，一年后，当完整结构完成并发表时，我在同一地点进行了演讲。我一开始说话，一个年轻女子就开始照相了。我非常恼火，停了下来，说不需要拍照，如果需要的话，她可以拿到我演讲的拷贝。ESRF主任从前排走来，向我道歉，说她只是他们通信的摄影师！

不管怎么说，在我的演讲之后，艾达开始报告，之前我已经将她排除在竞赛之外，她的报告让我清楚地意识到我严重低估了她的韧性。她的密度图谱比起去年夏天在丹麦的时候有了明显改善，实际上比我们所有的任何图谱都要好。显然，不管她以前可能遇到过什么困难，现在似乎已经进步了。当然她的图谱还没有好到能开始建立原子结构，但显然过不了多久她就会到达那个更高的分辨率。而她的许多新数据都是在同一台APS仪器上收集的，而我们最终终于要到了一些使用时间。

回来之后我意识到在APS的两天使用时间至关重要。我们承担不起任何失败，不能有任何侥幸心理，否则我们将永远无法赶上其他小组。在不懈努力下，比尔在罗伯和约翰尼·卡什的帮助下，冻结了数百个晶体，并将它们存放在杜瓦瓶中。我们创建了一个电子表格，以便追踪每个晶体在杜瓦瓶中的精确定位。在达斯伯里同步加速器上我们对每一个晶体进行质量和晶胞尺寸的筛选。我们留下那些具有匹配的晶胞尺寸且衍射良好的晶体，用于了解有多少可用于重原子浸泡。不满足于此的我说服比尔自己到布鲁克海文同步加速器，并从每种化合物的代表晶体中收集实际数据。经过48小时无休无眠的努力，他获得了数据，表明所有化合物均按预期结合。3个装满了良好结晶的杜瓦瓶，为我们的成功之旅做好了准备。

第 13 章
最后的突袭

2000 年 3 月下旬终于到了。比尔、迪特列夫、罗伯和我带着 3 个装满晶体的杜瓦瓶到达希思罗机场。其中一个装在长方形的箱子里，另外两个装在带有圆顶的圆柱形箱子里，类似于布赖恩所说的小型热核装置。我们内部管它们叫行李箱和炸弹，在将其作为行李托运时必须有意识地避免在机场这么叫（如今，没有航空公司允许这种托运行李，必须由 Fedex 单独寄送）。我们当然不希望热心的航空公司或安检官员打开杜瓦瓶给我们的贵重晶体加温。

当我们降落在芝加哥时天气寒冷，我们在奥黑尔国际机场租车，然后驱车前往 APS 所在的阿贡。经过一夜断断续续的睡眠后，我们在结构生物学中心（SBC）的光束线系统旁集合，与安德烈和他的同事史蒂夫·吉内尔（Steve Ginell）会面。光束线系统非常复杂，而且每条都不相同，因此外部用户需要从本地人员那里获得所有的操作帮助。我们的培训从各种安全规则和光束线的概述开始。

我有点担心我们是否会受到欢迎。也许安德烈几个月来一直没有回应是因为他忠诚于在那儿收集数据的艾达，不想帮助她的竞争对手。而且，他可能觉得保罗是被迫做出回应。

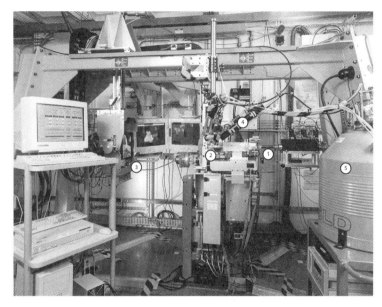

X射线束通过管道从右侧①进入并撞击晶体②。使用CCD检测器③测量X射线的衍射。冷却装置④让晶体浴于非常冷的氮气流中，该氮气是从大型液氮储存杜瓦瓶⑤中获得的

图13.1　图为阿贡的APS同步加速器上的SBC晶体光束线 [由阿贡国家实验室的安德烈·乔奇米亚克 (Andrzej Joachimiak) 提供]

很快我就发现我的恐惧毫无根据。经过详细而似乎无休无止的引导流程之后 (这也算在我们宝贵的48小时里头)，我们终于开始收集数据。第一个出现的衍射图像比我们以前从晶体中看到的任何图像都要好。安德烈守在一旁确保我们的策略行得通。几乎没有其他人使用过他们光束线上调整晶体的方向以获取更准确的异常散射的功能，这要求他们运行一个额外的程序来实现。我们放入了第一颗晶体进行拍摄测试，并告诉程序如何调整方向。然后，我们再重新拍摄，看方向调整是否有效。衍射图的排列完美：斑点花纹现在完全对称，并一直扩展到高分辨率。我们差不多看到了希望的曙光。

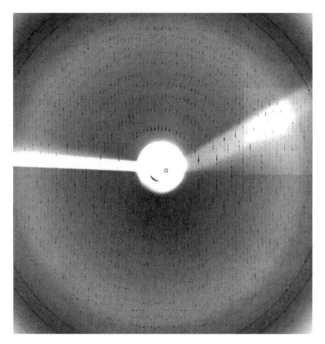

图13.2　精准堆成的30S晶体衍射图，于阿贡的APS拍摄

差不多——我犯了一个晶体学上菜鸟级别的错误。测量数据，需要将晶体旋转一个很小的角度，例如从0.0度到0.1度，测量在该范围内满足布拉格条件的所有光斑，然后再从0.1度到0.2度，依此类推。我估计每次旋转0.1度可以得到足够多的样本，以防止两个不同的光斑在单个图像中重叠在检测器的同一部分，但我没有考虑到真实的晶体不是完美的，它们包含微小的马赛克块，彼此之间的方向都稍有不同。每个块在旋转中实际上是在不同的旋转角度满足布拉格条件。这意味着，当我们旋转晶体时，每个点将比完美晶体存在的角度范围更大。因此，较早的位置的点在其消失后，不应该与下一个较晚

位置出现的点重合，而在实际旋转中，它们会重合。有了这些重叠的点，就无法分离它们并测量单个的强度。

幸运的是，安德烈立即发现了问题，并建议我们减少每帧的旋转度——换句话说，将数据更精细地采样。如果他没有给我们这个提示，那么我们的晶体衍射得再好也不会对我们有帮助：我们将无法以高分辨率测量完整的数据，我们的图谱会差得多。区别甚至会大到是否能解析结构。

由于之前怀疑过安德烈的动机，我感到很羞愧。可能当时正处于调试光束线系统并为普通用户准备的过程，而忘记了我们的请求，因保罗·西格勒（Paul Sigler）的提醒而安排了我们的时间。不管之前是什么原因耽搁了，他和史蒂夫·吉内尔似乎对我们的数据感到非常兴奋，并且很乐意提供帮助。一次，我们不得不在一个不友好的时间把史蒂夫叫醒，因为光束线突然停了，我们不知道如何重新启动它。安德烈还叫上了他的朋友弗拉德克·米诺（Wladek Minor），也是"波兰晶体学黑手党"的一员，来修改程序以测量强度，因为我们收集的帧数和旋转角度比标准版本要多得多。该程序HKL 2000是由兹比塞克·奥特温诺夫斯基（Zbyszek Otwinowski）和弗拉德克编写的。

曾编写该算法核心的兹比塞克真是个天才。他曾在波兰学习物理学，后来移民到美国，在保罗·西格勒位于芝加哥的实验室找到了一份工作。他注意到有些实验室成员正在计算帕特森图，随口说了一句："这看起来像是一个自相关函数。"他们惊讶于这种低级别的助手居然知道它是什么。保罗对兹比塞克印象深刻，因此鼓励他申请读研究生并获得博士学位。他告诉我，他接到管理GRE（全国研究生入学考试）成绩的组织的电话，说他们怀疑有人在作弊，并且相关学生介绍您是推荐人。情况是兹比塞克取得了满分，组织认为这是极不可能的。当保罗发现是兹比塞克时，他笑了，告诉他们不要担心。兹比塞克也是当时我解析第一个MAD结构使用的程序的编写者，这个成功之后促使我开始考虑研究核糖体。

当我亲见在收集数据时获得的所有特殊帮助时，让我想到科学研究的世界中近亲繁殖的现象有多普遍。像其他许多人一样，保罗也曾在LMB工作过。尽管我认识他很多年了，我还是请自己的导师彼得委托保罗给他的门生安德烈带一句话。安德烈和兹比塞克彼此认识的原因不仅是因为同为波兰人，还因为他们俩都是保罗的门徒。这也让我意识到，如果你不在行动的核心圈之内，事情会变得多么困难，而如果你是个局外人，要想闯进去是多么困难。

不管怎么说，我们正在迈向成功。为了充分利用这48小时，我们计划了几乎军事化的战略。我们每个人都有12小时的轮班时间，分别错开6个小时，因此在任何一段时间我们总会有一个晶体学方面的经验丰富的人和一个不太累的人。我决定从凌晨3点到下午3点换班，符合我的英国时间。

数据洪水般涌入，我们都快跟不上了。我们需要即时处理数据来知道接下来要放哪个晶体以及仍需要收集哪些数据。这个时候我特别感激迪特列夫精湛的计算技能，他预先设置好复杂的计算机脚本，以便每次仅更改几个关键字就可以发送下一批数据给计算机处理。

辛苦了 48 个小时之后，我们用完了给定的时间。是时候检查是否存在重原子峰了——这将告诉我们该实验是否有效。当计算显示最终峰值时，它们的强度几乎没有超出噪声范围。我的心沉底了。不知何故，我们搞砸了这个实验，而我们的旅程以失败告终。房间里一片寂静。出于绝望，我再次检查了代码，发现我们在输入时犯了个小错误，因此重新进行了计算。于是它们出现了：最高峰比背景噪声高 25 倍，而且有很多很多个峰，比我们以前见过的多得多。一年的紧张感突然消失了。我起身开始在房间里跳舞，说："我们将要成名了！"

回到剑桥后的几天，我们计算出了 30 S 亚基的精美详图，在其中我们可以清楚地区分 RNA 上碱基的形状和蛋白质的氨基酸侧链。现在是时候解析分子结构了。幸运的是，我们不必从头开始。使用我们之前生成的较低分辨率的图谱，布赖恩已经大致弄清楚了 RNA 如何在亚基大部分结构中折叠，并使用生化数据来确定所有蛋白质的位置。现在，我们可以通过放置 20 个左右蛋白质中的每个氨基酸以及该亚基中 RNA 的每个核苷酸来构建详细的原子结构。

将化合物基团构建到所需的密度图谱上需要我们在暗室中戴着立体眼镜日复一日地观察一个特殊的图形终端界面。整一年，布赖恩·温伯利的大部分醒着的时间都是在这个黑暗的计算机图形室中度过的。

那时候视频游戏还没有让图形硬件变得如此便宜，不像现在你甚至可以为家庭娱乐购买一个。因此即使是像 LMB 这样设备齐全的地方，那时候也只有大约 4 个终端，这些终端的图形处理速度足够快，可以转动30S亚基这样的大分子而不会卡死。我们实验室占用了所有4个终端，同事们非常恼火，但当我告诉他们我们情况的紧迫性时，他们变得非常包容。最终，我们同意将一个终端留给其他所有人使用，然后在图形室中占据了几周的时间。我们将30S亚基的不同部分分给不同的人分别构建结构。

在逐步构建该分子的同时，我们收集了一个更好的数据集，该数据集告诉我们核糖体如何发挥作用以及抗生素如何阻断它的功能。

图13.3 布赖恩·温伯利在图形计算机上工作

这个项目开始于困扰我们的晶体多变的问题，我们认为添加抗生素可以稳定晶体，所以它们不仅质量会更好，而且晶体间的相似度会更高。安德鲁调查了所有与核糖体结合的抗生素，并阅读了哈里的论文，查看每种抗生素具体在RNA上的哪些部分进行了化学保护。他发现了3种抗生素的结合物，结合核糖体的不同部分，并生产了衍射良好的晶体。

安德鲁和我的团队将这些晶体带到格勒诺布尔的ESRF同步加速器观测。到那时，以前有问题的仪器已经运行良好，因此最终获得了非常好的数据。一时之间，我们有了3种抗生素如何与30S亚基结合的数据，包括大观霉素、链霉素和巴龙霉素。这些抗生素已知将近50年了，但是没有人确切地知道它们如何与核糖体结合，如何阻断核糖体的功能。

由于相位问题，解析大型复杂分子的原初结构非常困难。但是，一旦你解析一个初始结构，观测到一种与其结合的小抗生素就变得非常容易。方法是收集已向分子添加了抗生素的晶体的数据，然后计算其与没有加抗生素的分子的区别。产生的"差异傅立叶"图会显示抗生素的结合位置。在我们的情况中，这3种抗生素同时与30S亚基的不同部分结合，因此能够在一个数据集中看到3种抗生素。

我已经对这个时刻的来临幻想了很久。但在我的幻想中，我们会细细品味一下结构，并思考上好几个月这些结构的意义。实际上，这想法太过奢侈，因为其他小组正在努力发表新结果。

汤姆和彼得已经公开了他们的结构，虽然他们没有透露所有细节。正如我在格勒诺布尔看到的那样，艾达也取得了进步。就在几个月前，我被安排在汤姆也应邀参加的一次海德堡国际会议上发表演讲，但是由于我们还没有在高分辨率上取得突破，最终我退出了会议。我也拒绝在tRNA会议上发言，而汤姆报告了他的结构。这特别尴尬，因为会议恰好在剑桥举行，与耶鲁小组的进步相比，我认为我们的结果看起来非常过时，不值一提。

现在情况有所不同，7月将召开两次重要会议。一个是国际生物化学大会，这是一个三年一次的会议，碰巧那一年是在伯明翰举行。另一个是哈里和他的朋友们在圣克鲁斯举行的一次会议。他们彼此只相距几天，所有小组都会派代表参加。如果我们不参加，那么我们会被认为是失败者，但是我也不想在提交论文之前报告我们的发现。于是，我打电话给《自然》杂志的编辑，告诉他我们已经解析了结构，以及他可以期待我们的稿件。

非常突然地，在这场疯狂的竞赛中，我收到一封奇怪的信件，上面贴着格勒诺布尔的邮戳，署名"罗伯特"。它警告我说他那年早些时候在格勒诺布尔看过艾达和我的演讲，我不应该在伯明翰报告，因为我的结果跟艾达的相比看上去很糟糕；相反，我应该等到有完整的结构为止。"罗伯特"继续说他看到我不打算去圣克鲁斯报告，所以"在那里不会产生羞耻"。唯一的问题是我在格勒诺布尔不认识任何一个叫罗伯特的人，而格勒诺布尔的人都不知道谁可能寄了这封信。我给实验室和其他同事看了这封信，他们都觉得这很奇怪。以前从没人遇到过这样的情况。但是，如果要以某种方式恐吓我们，那只会产生相反的效果。

在我们写文章的时候，我去了埃里切（Erice）的一个会议，埃里切是西西里岛一个美丽山顶的中世纪风情小镇，在那里他们定期举行晶体学会议。我以前去过那里一次，很喜欢那个地方。汤姆原本也应该在那儿。那时候，我们已经破解了结构，但是还没有写完文章，所以我不想透露太多细节。事实证明，汤姆没有露面是因为他刚刚接受了眼科手术，被禁止飞行。因此，我给了一个非常笼统的关于核糖体研究的报告，并暗示我们正在取得进展。我提早离开会议继续去写研究论文，所以我错过了迟到的史蒂夫·哈里森。但是他遇到了理查德·亨德森，理查德告诉他我们已经解析了整个结构 —— 而这一点我本人从未告诉过任何人！

史蒂夫对核糖体研究的竞赛非常生气，并在不久后写信给我解释他的感受。他对艾达的最新文稿被《自然》杂志拒绝感到气愤，这显然是因为审稿人告诉杂志相比于我们上一年的论文这个进展还不够。而看过艾达文稿的史蒂夫坚决不同意。他说理查德已经向他介绍了我们的新结构，他认为如果艾达能够发表一篇论文是对我们以前论文的改进，而我们即将发表的论文则是对艾达文章的改进，这样渐进式的进展能让我们双方都获得荣誉。当时，我完全没有被说服。我感到艾达试图在耶鲁和我们之前急急忙忙发表一个未完成的结构，也难怪《自然》的审稿人认为这不合适。最终证明，史蒂夫是正确的。

带着精美的图谱从阿贡回来以后，我们一直在疯狂地工作。我们必须确保结构尽可能完整和准确，同时还要编写结果。即使我们不是在竞赛压力下，撰写这篇论文也会很困难，因为这个结构比我们以前解析过的任何结构都要复杂得多，因此，考虑如何描述它，并以可读和可理解的方式突出重要的特征也是一个挑战。有时，我们会删除或重写整个部分，导致大家都有点脾气暴躁。也许比文字本身更难的是画出好的配图，迪特列夫和比尔承担了大部分的工作。如果不仔细修剪以便仅显示重要特征的话，复杂分子的图片往往看起来像是乱七八糟纠缠在一起的彩色面条（因为分子的链被画成丝带）。核糖体的成分如此之多，以至于即使选择能够使各个成分彼此脱颖而出的颜色搭配也是一个挑战。迪特列夫偏爱柔和的淡粉色，他会与比尔争辩，因为比尔更喜欢强烈而有对比度的原色。迪特列夫的计算机技能非常有用。他知道我会一再要求改图，因此他为所有图形编写了脚本，以便他可以根据需要快速进行更改，让我们的图展示的论点更清楚。

回顾当时，压力和肾上腺素一定使我们的精神高度集中，因为我不确定如果给我们更充裕时间的话是否能写得更好。文章在布赖恩前往圣克鲁斯的前一天和伯明翰会议的前几天才完成。我非常担心手稿会丢失或延误，因此要求比尔乘火车去伦敦，然后将4本拷贝直接递交到《自然》杂志的办公室。

我们已经筋疲力尽了，是时候公开报告了。布赖恩在圣克鲁斯的一个星期五进行了演讲，下星期一我在伯明翰进行了同样的演讲。由于布赖恩身心疲惫，别人肯定看了出来，因为他的博士导师纳乔·蒂诺科（Nacho Tinoco）批评他没有对自己的工作显示足够的热情，他不知道布赖恩在过去几个月中的疯狂工作节奏以及舟车劳顿和时差所造成的疲劳。我为布赖恩感到遗憾，但知道一旦文章出版，他将享有声誉。布赖恩回信说，艾达的图谱看起来不如我们的图谱好，她有一个核糖体模型，其中放进了20种蛋白质中的约15种，以及许多的RNA。

伯明翰的演讲厅位于会议中心的一间很长的房间的地下室，幻灯片放映机的屏幕看起来像邮票的大小一般，但我们也不在乎了。奇怪的是，艾达和电子显微镜专家马林·范·海尔的屏幕更大，因为他们领先于时代地用了电脑来展示投影，而我们其他人仍在使用传统的幻灯片转盘。艾达的同事弗朗索瓦·弗朗西斯在圣克鲁斯报告后仅几天，艾达在伯明翰声称她现在的图谱要好得多，并且除了一种蛋白质外，其他蛋白质都已经放入模型中，但是由于电脑的原因，无法显示其最新结果的幻灯片。即使她显示的蛋白质似乎也不太完整，因为没有显示出有蛋白质的长蛇状延伸，这在耶鲁小组和我们的结构中都看到过。这些延展进入每个亚基的核区域心。比尔很生气，想站起来发表评论，我不得不阻止他。进行一场让我们看起来粗野而小鸡肚肠的战斗根本没有意义。

夏天，当别人的论文开始一篇篇发表时，我们的欣喜之情再次消失了。首先是耶鲁大学在《科学》杂志上发表配对的两篇论文。他们使用了杰米·凯特曾使用的六胺类化合物，事后看来并不奇怪 —— 自从杰米第一次使用以来，他们应该就意识到了这种可能性，因为他在耶鲁工作的时候曾是詹妮弗·杜德娜的学生。不仅如此，他们实际上是从杰米本人那里获得的化合物。技术上的进步使他们不再有严重的晶体学问题 —— 李晶。前一年在丹麦与我们同期发表的结构上，他们发现晶体的李晶化可能是很长一段时间阻碍他们解析结构的原因。李晶是每位晶体学家的噩梦。在最坏的情况下，物理上晶体是两个不同晶格的组合，但却在检测器完全相同的位置上产生斑点。如果没有意识到这些斑点不是来自单个晶格，则对数据的分析可能会产生无意义的结果。即使知道李晶，也只能估算孪生的每个成分对给定斑点的贡献量，这会引入更多分析误差。但是在丹麦会议之后不久，耶鲁小组的一个成员犯了一个幸运的"错误",将盐浓度制备成接近当时50 S亚基结晶时候的浓度时,李晶问题就消失了。我尚不清楚到底是艾达的原始晶体是李晶化的,还是李晶是由耶鲁大学最初用来冷冻晶体的溶液中的盐浓度较低引起的。

无论如何,耶鲁小组构建的结构很壮丽,引起了学界巨大的兴奋。汤姆·切赫,就是最初发现RNA可能是一种酶并能进行化学反应的科学家,写了一篇介绍该文章的配文。他最后说,尽管这是美丽的一帧,我们仍然需要整部电影来了解核糖体的工作原理。这么说当然是正确的,但这样的文章结尾难免令人不满。

接下来是艾达在《细胞》杂志上发表的论文。这是对我们一年前发表论文的一个重大改进,但还不及我们现在图谱的完整和准确性。接下来的3个星期似乎无限漫长。我为《自然》杂志拖这么长时间才发表他们本应感激涕零的文章而感到恼火。一天天过去,我变得越来越沮丧,害怕人们认为我们和她的工作是同等重要的 —— 而我们已经来晚了。

其实我根本不必担心。当我们的文章发表时,人们清楚地意识到,文章描述了30 S亚基的确定而完整的结构,并且此后人们使用的一直是这篇文章。恰如史蒂夫·哈里森所希望的那样,我和艾达又一次跨越了彼此之前的成果。最后,正如他所希望的那样,我们俩都得到了赞誉,但获得认可的过程还要有一段很长的旅程。

第 14 章
发现新大陆

亚基的原子结构是惊人的，看着它就像降落在新大陆并巧遇全新的地形一样。映入眼帘的一些关键点脱颖而出。一是包含重要部分的古老的核心部分几乎完全由 RNA 构成。正像克里克和其他人在 30 年前建议的那样，这两个亚基的结构强烈暗示核糖体起源于更早的 RNA 世界。

实际上，蛋白质几乎完全分布在亚基的外部，而且几乎全部在亚基的背面，因此两个亚基的接触面，即结合 tRNA 的表面，几乎全部由 RNA 组成。外部的蛋白质具有长的蛇状延伸，穿入核糖体的核心。这些延伸部分具有许多带正电荷的氨基酸，可以抵消 RNA 上负电荷的排斥力，使其折叠得更好。50 S 亚基的大小是 30 S 亚基的两倍，RNA 更加复杂，以更加错综复杂的方式折叠。

为了精确定位形成肽键的位置，耶鲁小组将晶体浸入一种模拟连接到 tRNA 末端的两个氨基酸的化合物中，而此化合物在晶体结构中的位置将表明核糖体的确切催化中心。这个位点完全被 RNA 所包围，正如人们早先怀疑的那样，核糖体显然是一种核酶。

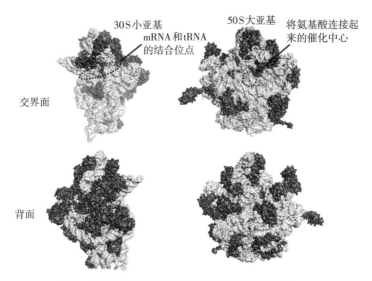

图14.1 两个亚基的正面和背面，暗色显示蛋白质，亮色显示RNA

　　耶鲁小组还利用同事斯科特·斯特罗贝尔（Scott Strobel）收集的生化数据来阐述两个氨基酸相结合这个反应的详细机制。不过这里他们有点言过其实了。生化数据没能反映细胞中正在发生的过程，许多化学家对此提议的机制进行了反击。对任何新假说的挑战于科学而言是一件好事：无论这个发现多么重要，人们都会攻击任何他们认为不正确的部分。最终，汤姆的一名极富才华的学生马丁·施明（Martin Schmeing）生成了更多不同的模拟结构，模拟与大亚基结合的tRNA和氨基酸，利用这些结构作为指导，包括斯科特本人在内的许多生物化学家弄清了整个反应的细节，例如质子从一个原子团移动到另一个原子团的过程。这些实验涉及极其复杂的化学过程，我几乎看不懂。但这意味着我们现在比以往任何时候都更加了解自然界如何进行其最重要的反应之一：蛋白质链的合成。

如果 50 S 亚基的主要任务是催化氨基酸之间连接以形成蛋白质链，那么 30 S 亚基的相应工作是确保准确读取和翻译 mRNA 的遗传密码。mRNA 上的每个密码子都被进入的 tRNA "读取"，从而将新的氨基酸带入核糖体。用对应的 tRNA 正确识别密码子的过程称为解码，而围绕它的区域称为解码中心。现在我们有了 30 S 亚基的结构，应该可以看到 mRNA 和 tRNA 如何与之结合，解读遗传密码这个长期难题有了答案。令人困惑的是，总共有 64 个可能的密码子，其中 3 个用作终止密码子，但氨基酸只有 20 种，这意味着许多密码子编码相同的氨基酸。由于 tRNA 的数量也少于密码子，因此许多 tRNA 必须读取多个密码子。通常情况下（也有例外），编码相同氨基酸的多个密码子仅在第三个位置不同。当破译遗传密码时，克里克注意到了这一点，并说 tRNA 可能会在密码子的第三个位点上稍微摆动，耐受不同的编码。

换句话说，tRNA 和密码子之间的匹配只需要在前两个位点上进行精确的碱基配对，而第三个位点可以有所不同。为什么核糖体只接受在前两个位点上完美配对但在第三个位点上的错配更耐受的 tRNA 呢？

正确的碱基配对（例如 A-U 或 C-G）中形成的键比在不匹配的碱基（例如 U-G 或 A-C）中要强，但没有强太多，键合能量的差异并不能解释为什么核糖体对密码子正确的 tRNA 有强选择。核糖体的错误率通常小于千分之一，比实验室中的任何肽链合成仪都要好得多。它还能以惊人的速度快速完成合成氨基酸链，在典型的细菌细胞中速度为每秒 20 个氨基酸。那么核糖体是如何做到如此精准的呢？它如何知道摒弃有微小误差的 tRNA 呢？

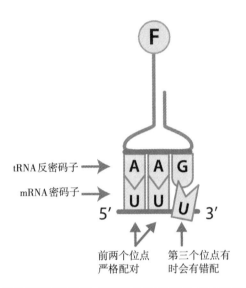

图14.2 tRNA必须与密码子在第一和第二个位点上完美配对，第三个位点没有这个要求，被称为摆动碱基

通过研究一种抗生素巴龙霉素的结合情况，我们得到了一些启示。已知抗生素会导致密码子错读，从而增加核糖体的错误率。我们的30S与巴龙霉素的结构表明，其结合导致两个碱基从其长螺旋中翻转出来，朝向mRNA密码子和tRNA反密码子所在的方位。这表明这些碱基感觉到了mRNA和tRNA碱基之间的凹槽，并以某种方式稳定了它们，因此即使不正确的tRNA也可以被接纳。但是，关于如何实际发生的细节还不清楚，因为我们的晶体中没有mRNA和tRNA。

为了理解解码的工作原理，常规做法是尝试将30S亚基制成同mRNA和tRNA一起的复合体（或更好的是与整个核糖体结合在一起，如我们稍后所做的那样）来弄清楚到底发生了什么。但是由于一个特殊原因，这种特定的晶形是不可能的。在 tRNA 上稳固地不断增长的蛋白质链的位点被称为 P 位点，而核糖体解码中心上具有结合 tRNA 并引入新的氨基酸的位点被称为 A 位点。在 30 S 亚基的这些晶体中，30 S 亚基的 RNA 的一个被称为"棘"的片段会粘在 P 位点附近。如果我们在结晶前将 mRNA 和 tRNA 加到 30 S 亚基上，则该复合物将阻止棘与邻近分子的接触，晶体无法形成。但是，解决该问题还有另一种方法。与典型的蛋白质一样，晶体中的核糖体亚基之间也有溶剂通道，因此我们可以将诸如抗生素之类的小化合物浸入晶体，小分子会通过这些通道扩散，在 30 S 亚基上找到目标位点。将药物和抑制剂浸入酶中是了解它们工作原理的常规做法。

我们已经注意到，由于 30 S 亚基非常大，其晶体的溶剂含量超过 70%，因此晶体中相邻 30 S 分子之间的溶剂通道非常大，足以容纳比抗生素大得多的超过一千个原子的小型蛋白质或者 RNA 分子。其中一条通道直接抵达解码中心，所以我们可以将整个蛋白质或 RNA 分子浸入这些晶体中吗？

以前从未有人尝试过。于是安德鲁·卡特用一种被称为 IF1 的蛋白质因子（起始因子 1）测试了这一想法，该因子可帮助核糖体启动翻译，该蛋白质已知与 A 位点结合。他将浸泡在 IF1 中的 30 S 晶体带到格勒诺布尔，后凯旋：图上蛋白质清晰可见。因此，在解析 30 S 结构后不久，我们又有了蛋白质启动核糖体反应的快照。

这让我们想尝试对密码子的结合做同样的实验，即生产模拟 mRNA 密码子的 RNA 片段以及 tRNA 上的反密码子臂，一个发卡形状

的"茎环"结构来做实验，目的是希望模拟mRNA的片段能滑入正常
与mRNA结合的缝隙中，而发卡能像tRNA的反密码子臂一样与核糖
体相互作用。这似乎有些疯狂，但原则是合理的。

实验的任务交给了新来的研究生詹姆斯·奥格尔（James Ogle），
他是德国人，而父母是英国人，代表了新时代的欧洲人，可以在许多
国家/地区使用多种语言且如鱼得水。他很聪明，非常自信，还有其
他许多兴趣，例如成为一名天才的业余小提琴家。詹姆斯进行了实验，
然后与迪特列夫和其他人一起去了阿贡。

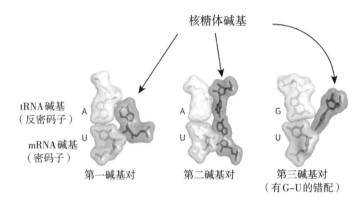

图14.3　核糖体在前两个位置识别密码子-反密码子碱基对的形状，但不在第三个位置识别

通过网络传输得到他们获得的数据后，我便查看了密度图谱，可
以清楚地看到反应机制。除了被抗生素巴龙霉素翻出来的两个碱基外，
第三个碱基也发生了变化。正如我们早先所提出的，这3个碱基确实
是一个读取的头部，它们会插入前两个碱基对的密码子和反密码子碱
基之间的凹槽中。通过这种方式，他们识别出前两个tRNA和mRNA

之间碱基对的形状，而不是第三位点。这样的后果之一是，如果前两个位置的碱基对形状错误，那么整个亚基不可能包裹在密码子和反密码子周围。

正如沃森和克里克在解析DNA的双螺旋结构时注意到的那样，碱基对AT和GC（以及反向的TA和CG）都具有几乎相同的形状，因此DNA螺旋可以在有任何组合的碱基对的同时保留大致相同的整体结构。RNA也是如此，除了将T换成U。正确的碱基所具有的独特形状，可将其与错配对区分开，这就是核糖体识别它们的方式。

准确性是生物学中一个非常重要的概念，细胞通过长时间的演化选择了最合适的准确率。就像打字一样，速度和准确性之间总是存在折中关系。准确性要求太高，那么过程会太慢而无法维持生命。准确性太低，生产的劣质品太多，对细胞有害。一些抗生素（如巴龙霉素）会降低核糖体翻译的准确性。我们已经弄清了为什么核糖体翻译如此精确以及遗传密码为何具有这种奇特的性质（即3个字母的密码子，但通常仅在前2个位点需要完全匹配）的潜在结构性原因。就像肽键的形成一样，这些过程都是由RNA催化完成的，再次证明了核糖体来自早期的RNA世界。

这一切都令人非常兴奋，但是在之前的文章中我们已经提示了巴龙霉素对30S结构的影响，为此我很担心，因为与此同时，哈里的团队已经将其70S结构从前一年近8Å的分辨率改进到了5.5Å分辨率。这与我们在1999年发表30S时使用的分辨率相同。这足以对已知的蛋白质和RNA进行建模，但还不能从头构建一个新结构。但是这时候，他们已经无须重建结构，因为他们现在已经拥有了两个亚基的完整原子结构作为构建结构的指南。而且，对于30S亚基来说，我们使用的是同一物种得到的晶体，因此他们要做的仅仅是将我们的30S结构放入密度图中——最终他们结构中的30S部分与我们发表的内容基本上完全相同。

我担心即使他们不能直接看到细节，他们也可能会知道核糖体帮助找到正确tRNA的方式，而我们前一年的文章中描述的巴龙霉素的作用可能提示了他们具体的机制。因此当我看到这个结果时，马上着手写稿，甚至在詹姆斯和其他人从芝加哥回来之前就完成了初稿。我知道哈里的论文将在《科学》杂志上发表，所以我联系了编辑，并说我们的文章会是一篇很好的辅助，解决了核糖体如何正确读取遗传密码的一个重大难题。幸运的是，他们同意了，我们的论文与哈里实验室的70S结构背靠背地出版了，马拉特是哈里实验室文章的第一作者。

解析核糖体亚基结构意想不到的好处是得到许多它们与抗生素的复合物。除了我们最初定位的30S亚基中的3种抗生素外，迪特列夫还确定了另外3种抗生素的结构，包括临床上重要的四环素。

就像哈里之前的文章所预言的那样，它们全都与RNA结合。这些文章是抗生素与核糖体结合最早的一批报告，帮助我们了解它们如何阻断核糖体的功能。其中之一的壮观霉素与亚基的头部和颈部之间的铰链点结合。头部在核糖体运动过程中摆动，抗生素通过锁定摆动而阻止了核糖体沿mRNA移动。另一个抗生素，四环素则通过阻止新的tRNA结合而起作用，因此新的氨基酸无法添加到生长的蛋白质链中，

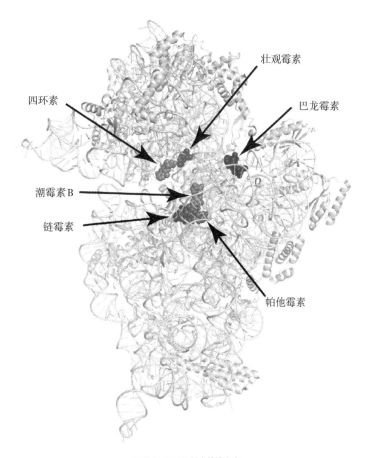

四环素

壮观霉素

巴龙霉素

潮霉素 B

链霉素

帕他霉素

图14.4　30 S 亚基中的抗生素

核糖体就在翻译的过程中卡死了。

　　在接下来的经年累月中,艾达和汤姆都发布了许多与 50 S 亚基结合的抗生素的结构。其中一些,如氯霉素,阻止新氨基酸与 50 S 亚基结合,因此蛋白质链无法生长。其他抗生素,如红霉素,则阻止新蛋白质进入隧道之后从核糖体中钻出。如今,制药公司对于使用这些

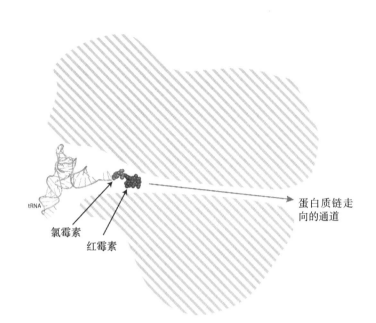

图14.5　50S亚基中的两种抗生素

结构来设计出帮助抵抗耐药细菌的新型抗生素跃跃欲试。

　　在第一眼看到30S结构的几个月后，做出那么多令人兴奋的发现让我们都很满意。但是，就在我们疯狂地进行这些实验时，对核糖体研究的贡献分配即将进入长期的政客竞选模式。

第 15 章
获得认可的政治游戏

核糖体研究曾经被认为是过时的主题，自从在结构研究上首次突破以来就引起了轰动。有人说核糖体可能获得大奖甚至诺贝尔奖，接下来的十年中无论我走到哪里，人们都会提及这一年。甚至在前一年丹麦发表的结构初步进展之后，核糖体结构研究组就收到了很多演讲邀请。那一年，我更加担心的是能否完成结构解析，并认为完成以后会有足够的机会来报告世人。但是我不能否认可能获得大奖的机会没有影响我。

几乎每个理科学生都曾有获得诺贝尔奖的幻想。它已经深深地融入了大众文化，不仅代表所做的伟大贡献，更凸显本人的伟大。但随着我们日益成熟，这些幻想很快会回归到现实。只有很小一部分科学家与诺贝尔奖获得者有过密切的接触，对于其他所有人，他们几乎是传奇般的存在，与自己的日常生活无关。因此，没有人会以最终获得大奖的想法进入研究领域。相反，我们进入一个领域是因为对此问题的好奇心和兴趣，它的应用前景，可能对世界带来的好处，以及更实际的就业前景。

然而，科学家也是普通人。像其他所有人一样，我们可能雄心勃

勃，喜欢竞争并渴望得到认可。科学教育本该灌输科学发现本身就是
对自己的奖励这个想法，然而在整个科学事业的每个阶段都培养着一
种热望，让人觉得自己与众不同，并且比自己的同行更优秀。腐蚀开
始得很早，整个教育过程中充斥着小的奖项，然后是享有声望的奖学
金，然后是职业生涯初期的奖金。之后，科学家们渴望入选自己国家
的科学院，然后获得更大的奖项。这是人类欲望的阴暗面，渴望得到
同事的崇敬。但是，所有这些在不同的职业阶段授予的奖项都只影响
一小部分科学家。他们中的大多数在精英机构工作，拥有强大的导师
和人脉，行进在成名和获得荣耀的快速车道上。

其中的最高奖项是诺贝尔奖，但很少有人突然获得诺贝尔奖，在
此之前会有诸多提示他或她是有力的候选人。只要某位科学家的发现
被认为具有重大意义，他或她就会成为许多鲜为人知的奖项的有力竞
争者。可能有人认为这些奖项都是独立的，并且随着科学的飞速发展，
可以用来表彰许多不同的科学家。

实际上，整个体系都被一种裙带关系困扰。各种奖项通常都授予
同一个人，这些人通常都是知名而有影响力的科学家。通常，某一个
有胆识的委员会会在一个新领域中颁发一个新奖，然后其他奖项委员
会将紧随其后做同样的选择。这可以迅速导致滚雪球效应，结果是相
同的一批先驱获得了很多奖项。此外，许多此类奖项的主要动机是表
彰这个奖项及其提名委员会，而不是表彰获奖者抑或选择领域内的优
秀楷模或者聚焦非时髦领域中的有趣工作。因此，许多委员会没有将
自己与诺贝尔奖区别开来并加以补充，而是通过多少个获奖者后来获
得诺贝尔奖衡量其成功与否，并自豪地宣传这一事实。你可以将这些

奖项类比为"预测奖",例如BAFTA或金球奖通常被认为是奥斯卡奖的前瞻。一类最糟糕的从属性质的奖项更夸张,这些奖项甚至根本不会考虑已经被授予诺贝尔奖的研究主题,更不用说单个科学家了。

诺贝尔奖如何获得如今的声望呢?它是由瑞典化学家阿尔弗雷德·诺贝尔(Alfred Nobel)在偶然的机缘下创立的,他发明了炸药并将其变为一个很大的产业。由于担心自己的遗产处置,他决定将自己巨额财富中的大部分用于颁发奖项。3项科学奖:物理、化学、生理学或医学,以及文学奖在瑞典颁发,一个单独的和平奖在挪威管理。奇怪的是,诺贝尔奖没有数学奖。

1901年第一届诺贝尔奖的时机特别有利。它的诞生与每隔几个世纪才发生一次的科学革命相吻合。当时物理学发现了量子力学、亚原子粒子和相对论,从而永远改变了我们对物质的看法。这些反过来彻底改变了我们对于分子结合的作用力和化学反应机理的理解,使化学成为一门现代学科。基因的发现和对细胞的内部结构的观测彻底改变了生物学。诺贝尔奖的许多早期获得者,例如普朗克、爱因斯坦、居里、狄拉克、卢瑟福和摩根,都是人类历史将永远铭记的巨人,加上提供的巨额奖金(当时足以保证获奖者一生的财务自由),诺贝尔很快就成了伟人的代名词。当然,它也不是绝对可靠的,有一些重大的遗漏,例如门捷列夫,他发现了周期表,这是现代化学的基础。里斯·迈特纳(Lise Meitner)提出了核裂变的解释,抑或奥斯瓦尔德·艾弗里(Oswald Avery),他发现了DNA是遗传物质。有时还会出现一些失误,例如表彰肺叶切除术,约翰内斯·菲比格(Johannes Fibiger)因线虫引起癌症这一错误的发现而得奖,同时又拒绝了山木胜三郎（Yamagiwa Katsusaburo），后者证明煤焦油中的化学物质会致癌，这为致癌物的研究奠定了基础。

如果说科学奖项并不完美，其他领域可能会更具争议。文学奖中，尽管表彰了一些伟大的作家，但该奖项常常体现文学学术界的偏爱，颁给那些其作品晦涩难懂、读不下去的作家，更糟的是有时候授予平平无奇甚至劣等的作家。该奖项授予了已被历史遗忘的作家，而错过了马克·吐温、托尔斯泰、乔伊斯、普鲁斯特、纳博科夫、博尔赫斯或格雷厄姆·格林。在我撰写本书时，授予文学奖的瑞典学院在2018年一片混乱，由于派系之间的分歧，包括第一名女性常任秘书在内的数名成员辞职，导致最终这一年没有颁发奖项。对于授予阿拉法特和基辛格而不授予甘地的和平奖，人们又能说什么呢？很多年之后的1969年，瑞典银行设立了经济学奖以"纪念阿尔弗雷德·诺贝尔"，以此借用诺贝尔的名头。它被授予很多在外人看来彼此理论截然相反、互相矛盾的经济学家。特别有趣的一年是2013年，尤金·法玛（Eugene Fama）和罗伯特·席勒（Robert Shiller）分享了这一奖项，这有点像达尔文和拉马克（Lamarck）分享了演化奖。

奖项本身也受一些相当随意的规则约束。诺贝尔曾要求该奖项是对前一年的发现或发明的奖励，但是由于要弄清某项发明的重要性通常需要数年甚至数十年，因此该规则很快就被放弃了。第二条很随意的规则是在1968制定的，即一个奖项只授予不超过3个获奖者。在对诺贝尔奖的近乎盲目的模仿中，拉斯克基金会（Lasker Foundation）在1997年采用了相同的规则授予奖项，它也被称为美国的诺贝尔奖。拉斯克评审团由诺贝尔奖获得者约瑟夫·戈德斯坦

（Joseph Goldstein）担任主席多年，他发现了他汀类药物背后的基本生物学原理，从而帮助预防了数百万例急性心脏病和中风。作为他汀类药物的使用者，我本人是他研究的受益者。他近期在《细胞》杂志上发表的文章中，说"三"这个数字有着神秘的特质，并将其与艺术中的三联画进行比较，证明了颁给3位获奖者的合理性。我认为这说明担任评审团主席太多年以后，会觉得该标准看起来如此自然和合理，以至于像戈德斯坦这样的身份和学识的人也会通过数字命理法证明其合理性。

实际上，限定3位获奖者在如今看来已然不合适。1901年诺贝尔奖刚起步时，科学家们相对孤立地工作，每隔几年才开会一次。当宣布他们的发现时，谁发现了什么是毫无争议的，也极少有3个人会做出完全相同的发现。在当今世界，在一次会议上分享的想法会迅速传播到全世界，之后许多人会为它的发展做出贡献。真正的突破性进展到底来自于最初的想法还是后来的贡献并不总是很清晰。体育运动中，我们有清晰的方法来衡量表现 —— 得分最高的，速度最快的，跳得最远的或最高的。但是在科学中，找出3个在特定领域产生真正影响的人变得越来越困难和主观，即使不是毫无可能。同样，近半个世纪以来科学的飞速发展意味着许多重要的先进技术却未获得过大奖，获奖越来越像中彩票。3人的限制意味着年复一年，对某些科学家忽视的抱怨越来越多。尽管许多重大进展（例如发现希格斯玻色子或对人类基因组进行测序）是由大型协作团队完成的，但与和平奖不同的是，科学奖并不颁发给研究机构。尽管诺贝尔奖的奖金数额很大，但现在有些奖项的奖金令其相形见绌。由于上述这些和其他一些原因，诺贝尔奖有可能会失去其独特的崇高地位。

诺贝尔奖的最新潜在竞争对手是突破奖，它是尤里·米尔纳（Yuri Milner）的创意，尤里由物理学家转行为企业家和风险资本家，是一名亿万富翁。他决定对发展弦论的著名物理学家进行奖励，因为这个理论到目前为止还无法通过实验验证，因此他们永远不会获得诺贝尔奖。因此，它更类似于自然哲学，而不是科学。一口气，他给了其中的9人各300万美元的奖金。随后，他说服了像谢尔盖·布林（Sergey Brin）和马克·扎克伯格（Mark Zuckerberg）这样的亿万富翁加入，所以现在生命科学和数学领域都有了突破奖。

最初的获奖者似乎是米尔纳及其同事随意决定的，可能是在咨询了一些著名的科学家后选定的，因此，获奖者通常都是著名的、人脉宽广的科学家也就不足为奇了。而由之前的获奖者投票决定未来的奖项的规则将会延续当前的科学领域趋势，并有利于人脉宽广的人获奖。我告诉米尔纳，我认为这不是授予奖项的好方法，这有点像——用他所在世界的比喻——按社交网络点赞数来授予奖励。他的回答是，获奖者会希望保持自己的声誉，因此会以严格的标准筛选投票对象。但是，这一奖项有可能成为另一个封闭的精英俱乐部，投票支持符合自己科学形象的人。

突破奖的奖金大约是共同获得诺贝尔奖的奖金的8～10倍，在加利福尼亚州大张旗鼓地颁发，仪式还会邀请好莱坞名人。它有几个值得点赞的特征，不同于许多其他奖项。它会授予机构和团队，以更好地反映现代科学的工业化特质。没有3个获奖人的限制，甚至偶尔授予因该规则而被排除在诺贝尔奖之外的科学家。它也忽略了另一个诺贝尔的准则，即该理论必须经过实验验证才能获奖。因此突破奖授予了一些没有资格获得诺贝尔奖的杰出物理学家，例如史蒂芬·霍金（Stephen Hawking）（在我写本书时他已去世）。但是，就像其他奖项一样，突破奖几乎从未颁发给已经拥有诺贝尔奖的人（少数幸运的获奖者在同一年同时获得两项大奖）。

无论如何，尽管奖励金额相差很大，我怀疑大多数人仍不愿意用诺贝尔奖换取突破奖，这一趋势将来可能会改变。虽然存在一些问题和竞争对手，诺贝尔奖由于其悠久的历史、排他性，尤其是其公众影响度，现在仍然处于科学奖的顶峰。当然还有其他原因令其继续受到追捧。委员会花时间，征求专家意见，邀请准候选人参加瑞典的会议，做出快速的筛选，并在决定之前进行仔细的讨论。即使人们越来越频繁地抱怨最终的决定，却从没有人质疑整个流程的诚信。同样，诺贝尔委员会似乎并没有像奖项那样受到政治或知名度的影响，经常将奖项授予那些即使在本国也不知名的科学家。有些时候，获奖者的国家科学院会因忽略他们的存在而感到尴尬，于是第二年争先恐后地选举他们为院士。一个著名的例子是，玛丽·居里（Marie Curie）在她几乎没人认识的时候就获得了诺贝尔物理学奖，当时几乎没有女性从事科学工作。她还成了第一个不论男女两次获得诺贝尔奖的科学家。

因为早期诺贝尔奖获得者都是各自领域的巨人，所以这一想法已在大多数人，甚至是非科学家中固化，即诺贝尔奖获得者是天才。实际上，该奖项并不是授予一名伟大的科学家，而是表彰突破性的发现或发明。他们中的一些人可能非常聪明，而其他人只是坚持不懈地努力或偶然取得重大发现的优秀科学家。出现在正确的时间和地点通常会对科学家获该奖产生很大的帮助。马尔沃里奥在莎士比亚《第十二夜》中所说的话同样适用于诺贝尔奖："有的人生而不凡，有的人成就伟大，而有的人是送上门的伟大。"

但是诺贝尔奖获得者的天才标签意味着，如果科学家到达一个有小概率可以实现这一梦想的阶段，他就很渴望获奖。得奖至少在公众看来犹如加入伟人的万神殿。有时渴望如此强大以至于改变了他们的行为模式，他们的著作和公众形象都带着政客竞选的所有标志。而年复一年落选的时候，他们会感到非常不满和沮丧，我叫它"前诺贝尔症"，是一种疾病。

得奖后，会有"后诺贝尔症"。突然之间，科学家们成为众人瞩目的焦点，并因此而受到公众的欢迎。无论他们的具体专业领域，他们都会被要求对日光下的一切发表意见，令其飘飘然。他们中的一些人已经过了巅峰时期，几十年前就已经取得了重大的发现，而新的关注意味着他们会花时间在世界各地演讲，对各种各样的事物指指点点。他们会成为我所谓的职业诺贝尔奖获得人。一些获奖者摆脱了此疾病，要么是因为他们仍然是非常活跃的科学家，为了不让自己分心，继续专注于让他们获奖的科学研究，要么是他们利用自己的声誉在领导职位上为科学界谋取福利。后者有一个很好的例子是哈罗德·瓦尔姆斯（Harold Varmus），他因发现能够在某些情况下将正常细胞转化为癌细胞的基因而获奖，随后成为美国国立卫生研究院的主任，并倡导生物医学的研究。

奖项常常被誉为科学界的良方，因为它能提高公众对科学的认知度，并为公众特别是年轻人树立良好的榜样。布莱恩·温伯利的导师，著名的物理化学家纳乔·蒂诺科（Nacho Tinoco）曾经告诉我，他认为诺贝尔奖对科学有益，因为它们促进了顶尖科学家之间的竞争，使他们竭尽所能地做好工作。它们可能对科学有好处，但对科学家却不是那么好。为此他们扭曲了自己的行为，加剧了他们的竞争精神，造成了很多的不愉快。

所有文化似乎都亟须树立自己的英雄和榜样，所以奖项本身也许因反映了人性的某些深层次的需求而不会消失。奖项内在的不公平可能只是生活并不公平这一事实的一种体现。到目前为止，还没有科学家自愿拒绝诺贝尔奖［除了当时纳粹政府不允许前往领奖的德国人格哈德·多马格（Gerhard Domagk）］。对于科学家个人而言，获得广泛认可和经济回报的前景实在令人难以抗拒。

当我开始研究30S亚基时，我几乎全神贯注于尽快完成这项工作，以免在比赛中失利。直到那时，我的职业生涯中并未获得任何奖项，但是现在有很多人谈论核糖体作为获得大奖的潜在候选，我很难不受到影响。我开始担心自己的相对贡献，以及是否会被视为半路出家而非先驱者。因此无论我内心是否有所抵制，我发现自己在接下来的几年中陷入了核糖体研究的政治漩涡之中。

第 16 章
核糖体路演

原子结构在2000年夏末问世后不久，我尽量回避这个领域的政治，因为我们仍集中精力研究30 S如何促进遗传密码的准确读取这个重要问题。那年秋天我唯独接受的几份邀请之一是与彼得和艾达一起参加在NIH举行的斯泰登讲座。几乎可以预见，艾达的报告肯定会超时很久，因此当我作为3位发言者中的最后一位上台演讲时，座谈会的整个时间都花光了。幸运的是，主持人很友好，他让我讲完了报告，而没有遭遇多年前保罗·西格勒在西雅图遭受的命运。

在NIH演讲之后，我立即去了冷泉港，在那里我被邀请在我曾经作为学生上课的同一晶体学课程中发言。在机场排队登记的时候，我发现了排在我前面的吉姆·沃森。我进行了自我介绍，之后去往纽约的飞行我们并排坐着，谈论核糖体的进展以及为何花了这么长时间。不着边际地，他突然对我说不要挂念"获奖"，因为有耶鲁团队，加州的那家伙和那个以色列妇女（显然是哈里和艾达），没有剩余名额了。第二天沃森出现在我的讲座中，根据课程组织者的说法，这是非常罕见的事件，也许他想看看我的水平。

我觉得他在结构解析刚完成就做出这样的论断很奇怪。毕竟，要证明核糖体如何真正发挥作用，还有很多工作要做，只有时间才能证明谁真正做出了重要贡献。因此，尽管我觉得他的评价有点让人不爽，我并没有过多理会，认为核糖体方面的任何重大奖项颁发还需要很长时间。

然而我错得很彻底。2000 年年底，两个亚基的原子结构出现后仅几个月，布兰代斯大学就颁发了罗森斯蒂尔奖，授予哈里、彼得和汤姆，以表彰核糖体上的肽键形成是由 RNA 催化这个发现。尽管这是一个重大发现，但核糖体的作用远不止是核酶，而且也不是第一个核酶例子。毕竟，参与复制 DNA 或将其复制为 mRNA 的聚合酶非常重要，即使它们像大多数其他酶一样是蛋白质。因此，我忍不住认为评审团先决定授予他们 3 人奖项，然后引用了一个可以把其他候选人排除在外的工作。

当我把看法告诉理查德·亨德森（他是罗森斯蒂尔前获奖者）时，他说，无论是否考虑得奖，如果希望我们的工作被广泛认可，我们都应该接受更多的会议邀请，来宣传我们的发现。科学的传播仍然是通过古老的口口相授的说故事艺术。科学家们太忙，没时间阅读本领域之外的文章（甚至到现在，自己领域的文章都来不及看），只有当他们直接听到本人自己宣传时，才真正了解这项工作以及谁做了什么。

几个月后，我再次受邀去冷泉港实验室演讲。每年，冷泉港都会组织一次重要会议，主题一般选择某个到了分水岭阶段的研究课题。每次专题讨论会上出版的书籍几乎可以看作是生命科学中具有里程碑意义的事件年表。2001 年的主题是核糖体。我很高兴受邀，但是一个后续邀请令我惊讶不已。

每个座谈会都有两个特别讲座，大约讲一个小时，而不是标准的15到25分钟。其中一个讲座是为与会者准备的，通常是该领域的领头羊对其工作进行详细的论述。另一个是在周日举行，会是一次公开演讲，出席会议的科学家和冷泉港附近的公众都将参加。我很惊讶会议组织者除了有关我工作的专业讲座之外，还询问我是否愿意作这个公开演讲，这系列讲座命名为多卡斯·卡明斯（Dorcas Cummings）讲座。他们选择我的原因是，在那段时间内，我是唯一发表与核糖体结合的抗生素结构的小组，他们认为这对公众来说是一个有吸引力的故事。

当迪特列夫、安德鲁、詹姆斯和我降落在肯尼迪国际机场（JFK）时，我们又惊又喜，因为冷泉港居然安排了一辆豪华轿车来接机。汤姆和我在开幕之夜就给了报告。艾达在第二天演讲，会议主持人唐·卡斯帕（Don Caspar）为了提醒听众她在领域内的贡献，特意指出她开拓性的结晶工作如何为后来的突破铺平了道路。艾达宣布她获得了一种新的50S结晶，来自于一种"与大肠杆菌兼容"的细菌。她的论点是，滨海盐藻（Haloarcula marismortui）是古细菌，一个很早就从细菌分支出来的第三域，其特征介于高等生物（真核生物）和细菌之间。另外，它在高盐下生长，在她看来，它们并不真正适合用来研究针对细菌的抗生素。考虑到是她首先发现了滨海盐藻50S晶体，现在她反对像耶鲁小组这样使用该晶体显得颇为讽刺。无论如何，这使她在接下来的几年中专注于这种新的50S晶体。我感到松了一口气，因为不必一直与她进行竞赛和争辩30S亚基了。我对汤姆开玩笑说，艾达是他现在要直面的对手了，转述吉卜林的说法就是，不再是"那个棕肤色家伙的重担"了。这个说法在很大程度上是正确的：在接下来十年左右的时间里，艾达和汤姆会争论50S亚基的细节，尤其是与其结合抗生素的结构。

图16.1　2001年，哈里·诺勒和亚历克斯·斯皮林在美国冷泉港（由冷泉港实验室提供）

几天后，哈里做了两次特别演讲中的第一场，就是给与会科学家们准备的系列。他以前的一位本科生，温什普·赫尔（Winship Herr）介绍了他，赫尔那时已经是冷泉港实验室的一名资深科学家。赫尔对哈里的介绍是我听过的最激情澎湃的介绍，最后他说哈里除了登山靴外不穿任何其他鞋品，他确信即使面见瑞典国王，他也会穿着登山靴。于是，在哈里站起来谈论他现在以分子层面阐释整个核糖体之前，会场一度有些尴尬的沉默。

哈里的演讲令人激赏，他展示了新的结构如何能帮助我们理解数十年来核糖体的生化和遗传工作及其与mRNA和tRNA的相互作用，几乎每张幻灯片都显示了他对核糖体的熟稔和深刻的理解。但是听到这个报告的局外人甚至是不做结构的核糖体科学家不会轻易意识到，由于哈里实验室的结构分辨率低，它不是从头开始构建的，而是通过确定的耶鲁小组和我们得到的两个亚基的原子模型推演而来。即使是这个结构本身，也是得益于多年来通过马拉特和古纳拉从俄罗斯引进的结晶专业知识以及杰米·凯特带来的晶体学技能和定相位策略。由于科研的功劳通常都会流向实验室负责人，因此，在圣克鲁斯大学发表结构之后不久，大多数核糖体和RNA生物学家因为不知道所有促使这个结构诞生的诸多因素，简单地将所有荣誉归功于哈里。它变成了"诺勒的70S结构"，哈里得到了解析整个包括mRNA和tRNA的核糖体结构的赞誉。

那个夏末，当我去斯特拉斯堡拜访马拉特的时候，他已经在那开始了自己的实验室。他对此表示沮丧，说道："我必须证明我不是一峰骆驼"，意思是他需要证明自己的贡献是与之相当的，而不只是给别人成名和荣耀抬轿。几年后，他证明了他确实不是骆驼。

哈里的演讲是在周五，而我要等到周日下午的五点才能摆脱我对公开演讲的烦扰。进行专业报告或公开演讲已经足够困难，而要在所有核糖体科学家同行面前进行公开演讲着实令人生畏。简化得太多，你的同行会批评你不够准确，但如果过于谨慎和严格，公众将失去兴趣。与我的专业报告相比，准备公开演讲花了大约十倍的时间。

那是一个美丽的星期天下午，我紧张地站在格雷斯礼堂外庭的接待处，与各种人握手闲聊。突然，我的儿子拉曼出现了。我当时仍处于与人闲聊状态，便伸出手说："很高兴见到你！"在我反应过来之前，他很开心地看看我的手，然后给了我一个惯常的拥抱。然后我注意到我的姐姐拉莉塔（Lalita）和他在一起，当时她是位于西雅图的华盛顿大学的微生物学家。原来她到纽约城市大学作报告，于是便与拉曼策划过来听我的演讲。我在长岛的老家也有一些朋友和邻居过来支持我。因此，我感到压力更大了，不仅要由科学家和公众来评判，而且还有家人和朋友的评判。最终，演讲开始了。

开讲前的介绍原本是由布鲁斯·斯蒂尔曼（Bruce Stillman）负责，但他之前拉伤了背部的肌肉，卧床不起，因此改由吉姆·沃森介绍我。这是一段又臭又长的介绍，从我早期从事核糖体研究的历史到描述核糖体及其作用，我担心他会把我要讲的都讲完了。他接着说，科学世代相隔10到15年，彼得·摩尔是他的研究生，我是彼得的博士后，从某种意义上说，我是他科学上的孙辈。

当我站起来演讲时，我强忍住喊他"谢谢，爷爷！"的冲动。演讲完成时，我以为我已经很好地解释了遗传密码的翻译问题，即从基本原理一直讲到核糖体如何工作，它们的外观以及抗生素如何阻止它们的功能。当一位听众问我抗生素是否会让核糖体吞噬细菌并杀死它们时，我的满足感受到了打击。然后，我意识到，没有上下文，尺度的大小都是没有意义的。核糖体作为很多分子的组合而言是巨大的，但与细菌的细胞大小相比却非常小，细菌细胞内部有数以千计的核糖体。但是总的来说，这次演讲很受欢迎，之后每次我都会使用它的一个更新版本。演讲结束后，所有受邀演讲者都应邀去冷泉港周围的资助会议的有钱人家中用餐，这是这个研讨会的另一项传统。这次演讲对我来说还有一个意料之外的收获：在几乎整个核糖体科学家群体面前经受住了这次考验之后，我不再被认为是这个领域的暴发户，而开始被认为是该领域的领导者之一。于是我们都高调地回到了剑桥。

核糖体路演现已全面展开。我们被邀请参加世界各地的会议。冷泉港会议结束后不久，我们许多人又在斯皮林蛋白质研究所的所在地普希诺会面。我青少年时学过俄语，从那时起就迷恋这个国家。哈里和我进行了两次开幕演讲，我第一次遇到了玛丽亚·加伯和其他人。斯皮林本人进行了长达3个小时马拉松式的演讲，总结了他一生的工作，尽管时间长，但他绘声绘色的描述让我们陶醉其中，十分愉悦。宴会上，我和哈里坐在一起，那是我和他在一起度过的最好时光。随着伏特加酒肆意下肚，哈里变得越来越热情洋溢，对核糖体和从事此工作的各种人发表搞笑又不设防的各种评论。即使没有伏特加酒，我也发现自己很陶醉。哈里与我道晚安并给了我一个大大的熊抱之后结束了这一晚。

接下来是在离家较近的西班牙格拉纳达举行的一次会议。那是2001年9月，在一个没有会议安排的下午，我们所有人前往游览美丽的阿尔罕布拉宫，这是一个伊斯兰遗址，在当时最兴盛时仍然可以容忍犹太人和基督徒。我们听说有两架飞机坠毁在世贸中心，但直到我们返回酒店并看到电视上双子塔倒塌的震惊景象，才意识到这次恐怖主义活动的严重性。一位 RNA 生物学家对我说："你意识到这意味着什么，不是吗？"我以为他会说一些关于公民自由受到侵蚀，警察国家的崛起或长期战争之类的，但实际上他说的是，"你得把胡须给剃了"。我 20 年前，从博士后期间就留起来的胡须，还幸存了 2 年，但由于胡须和棕肤色，过美国机场安检时总是会碰到许多"随机"的额外检查，最终为了飞行方便不得不剃了。

当时我还被邀请去 RNA 的会议上发言。在过去的 10 年中，由于不断发现 RNA 的新作用，RNA 生物学领域迅猛发展，并且因为 RNA 在核糖体中的核心作用，他们想听听我的工作。但是人们很早就开始研究核糖体，比知道 RNA 的作用早得多，因此人们常常开玩笑说我是一名碰巧而成的 RNA 生物学家，就像莫里哀（Molière）的角色一样[1]，他一生都在说散文，却没有意识到这一点。考虑到我进入彼得实验室的方式，我不仅是碰巧的 RNA 生物学家，而且还是碰巧的核糖体生物学家。

但是，哈里是 RNA 研究领域的宠儿，因为他多年来一直不懈地致力于核糖体 RNA 的研究。RNA 协会于 2003 年在维也纳举行的年度会议上颁给他第一个终身成就奖。这些会议包括非常简短的 12 分钟的短报告，3 分钟的提问时间，然后再转到下一位演讲者，目的是让像博士后或研究生这样的年轻科学家有机会介绍他们的工作。因为哈里是特别奖获得者，他有 30 分钟的报告时间。他们要我主持这一节关于核糖体的会议，哈里将是第一位报告人。他的演讲很棒，介绍了

---

1. 译者注：源于莫里哀的话剧《贵人迷》中茹尔丹先生与哲学家的对话。

一些早期的实验，出乎意料地表明，核糖体中的RNA可能实际上有非常重要的功能，而不仅仅是作为支架让各种蛋白质悬挂，现在我们有了结构之后，可以很好地解释这些实验结果。因此，他也至少在最初是碰巧而成的RNA生物学家，他还指出相信自己的数据并跟着数据往前走的重要性。他按时完成了演讲，然后我说我希望其他发言人能效法他的做法。

但是下一位发言者是艾达，她是少数几个被安排12分钟演讲的资深科学家。到了12分钟的时候，她的演讲几乎还没有进入正题，我说你应该开始讲总结了，15分钟的时候，她还在继续发言，到了大约20分钟时，我站起来，让她停下，无济于事。到这个时候，一些听众开始剁脚并缓慢地拍手。大约到了第25分钟，看到我的无助，后面的视听设备工作人员直接切断了投影机和麦克风。艾达没有立刻意识到这一点，因为她一直看着自己的笔记本电脑屏幕，但是当她回过神的时候，她看着我，问她是否至少可以展示最后一张幻灯片，感谢一起工作的人。当我让他们重新打开投影仪电源时，她不得不跳过另外10到20张幻灯片才到了结束页。

哈里穿着正式地出席了之后的晚宴。我问他，核糖体是否会在10亿年后像复制DNA或将其复制到RNA的聚合酶那样变成一种蛋白质酶。我指出，即使在今天，核糖体上的蛋白质也有长长的尾巴，深入到RNA核中，所以也许我们正在观察蛋白质慢慢取代占领的过程。他笑着说，这就像那些控制人脑的机器人一样了。

瑞典开始发出许多邀请，其中许多邀请是由诺贝尔化学委员会公开赞助的。斯德哥尔摩瑞典科学院的一个邀请是关于核糖体的，而斯德哥尔摩附近海岸的桑丹群岛上一个小岛的会议是关于RNA生物学。许多常见的疑似候选人，例如汤姆和艾达，也参加了这些会议。很明显，我们正在接受诺贝尔的试镜。

　　我参加的最后一次会议是在塔尔贝格（Tällberg），这个风景如画的村庄就是安德斯·利亚斯组织过的一次核糖体会议所在地，当时我还在犹他大学，做出所有这些突破之前。2004年10月的这次会议的主题是整个核心法则——从DNA到RNA的遗传信息的维持和流动，最终形成蛋白质。报告主要是关于DNA复制，将DNA转录成RNA以及有关核糖体的讨论。另外，还有人致力于发现细胞中的蛋白质和成像细胞以及端粒（染色体的末端）。很多学科名人与会，包括鲍勃·罗德（Bob Roeder），他发现高等生物具有3种类型的RNA聚合酶制造3种类型的RNA；罗杰·科恩伯格（Roger Kornberg），他不仅发现了核小体（高级生物的细胞中包裹DNA的基本单位），而且还致力于解析高等生物中RNA聚合酶的结构；伊丽莎白·布莱克本（Elizabeth Blackburn），她发现了维持染色体末端的端粒酶；钱永健（Roger Tsien），他曾发明使蛋白质发出不同颜色荧光的方法，以便将它们用于标记细胞中的各种结构；还有其他很多人。

　　当我拿到会议流程的时候，我注意到核糖体小分会是在第三天，但开幕之夜只有亚伦·克勒格和哈里作为仅有的发言人。我想当然地认为瑞典人将哈里与已经获奖的亚伦配对，说明他们已经属意哈里获奖。事实是，他们只是为了照顾哈里的行程，他不得不提早回到圣克鲁斯教授他的课程。

哈里解释了为何去除突出到tRNA结合位点的蛋白质尾部并不会影响核糖体的功能，并将其与他的早期观察结果相联系，说明核糖体RNA参与了tRNA的结合。尽管我坐在前排，但从哈里的报告中根本看不出这些尾部结构以及他展示的许多其他细节最初来自我们30S亚基的原子结构。我非常生气，并且把它归结为核糖体研究的政治因素。后来有人问我他怎么能以5.5Å的分辨率弄清楚所有这些细节时，我立马回道："他不能。"

我到后排和约翰·库里扬（John Kuriyan）坐在一起，他是印度裔美国人，伯克利大学的教授，也是我认识的最聪明的人之一。由于我们俩都认为这场会议像是一场选美比赛，因此我们决定给每个演讲者一个分数，就像奥林匹克的体操运动一样，每次演讲后我们都会说"8.0！""5.0！"或"9.9！"这真是令人惊讶，我们的分数经常达成高度一致。

约翰本人发表了精彩的演讲，讲述了一种蛋白质，在DNA复制过程中会包裹DNA，这涉及大而精妙的机制。当时，他只有蛋白质的结构，没有DNA，但是就如何结合DNA提出了一个非常合理的猜测。结构中的某些重复模块可以沿着DNA螺旋的凹槽正确地匹配。

之后，在午餐时，我坐在一个诺贝尔委员会委员的对面，该委员的旁边是两位杰出的"角逐者"。委员会委员说，他对库里扬的报告不太相信。角逐者一致同意地点了点头。我表示不同意见，觉得约翰提出了一个合理的猜测，而在我们进行这番谈话时，他的实验室可能正在做实验检测。委员考虑了片刻，改变了主意，并同意了我的想法，随后角逐者们立即与他一起改变了主意。考虑到他们的科学地位，我认为这种顺意取悦的态度有点可悲但并不令人惊讶。他们中的一些人意识到了会议的性质，非常紧张，几乎就像论文考试之前的研究生一样，其中一人在演讲前一直在大口喘气。

亚伦·克勒格是转录会议的主持人（转录指的是将DNA复制为RNA的过程）。他作了一个观点性很强的介绍，他说，真核转录更为有趣，因为在高等生物中，转录受到高度调控，这使其变得更加复杂和重要，并且解析结构是理解转录的关键。这番介绍仿佛就是为了引出罗杰·科恩伯格一样，就像本书中的许多其他人一样，他也曾在LMB做博士后，在那里他发现了核小体。从那时起，亚伦就对罗杰十分敬佩，自认为是他的门徒。罗杰给了本次会议的最佳演讲之一，回应并肯定了亚伦的观点。不像大部分科学家，要么是出色的生物化学家、遗传学家，要么是结构生物学家，罗杰在各个方面都表现杰出。他的演讲结构精美，插图详尽，以完整、连贯、流畅的句子讲话，而没有大多数演讲者充满"嗯，啊"的语助词。

汤姆在会议上作了两次演讲，因为他同时研究DNA和RNA的聚合酶以及核糖体。午饭后是核糖体分会。当我惊讶地发现有人开始进来时，我还在很开心地聊天。我以为我们还有很多富余时间，然后意识到我的手表一定停了。汤姆说他还在想为什么我看起来那么轻松。分会进行得很顺利，每个人，包括艾达，都表现出色，并按时讲完。艾达谈到了她最近一个更有趣的发现——肽基转移酶中心围绕的大部分核糖体RNA是对称的，因此，如果将其中一半旋转180度，它将叠加在另一半上。这表明核糖体的催化中心可能最初是通过基因复制产生的, 产生了两倍大的 RNA 片段, 但现在具有两倍的对称轴。

在会议召开之时, 我们已经开始将结构信息与一些优雅的实验相关联, 这些实验是哥廷根的现任马克斯·普朗克学会主任玛丽娜·罗德尼娜 (Marina Rodnina) 之前进行的, 有关核糖体接受新的 tRNA 的不同速度, 以及遇到错误的 tRNA 时速率的改变。我们的结构数据与她对自己结果的解释相当吻合, 因此我在报告中对此进行了说明。会议结束后, 汤姆对我的报告表示赞赏, 我开玩笑说, 当你是安维斯 (Avis) 租车公司时, 你必须加倍努力。

来自瑞典乌普萨拉的著名核糖体科学家曼斯·埃伦伯格 (Måns Ehrenberg) 是此次研讨会唯一会说瑞典语的报告人。他是一位善良而有思想的科学家, 但经常做出认真、近乎古板的表情, 让我想起伯格曼电影中的角色。他的文章反映出他对刨根问底的渴望, 许多论文篇幅都很长且令人费解。其中有些使我想起禅宗佛教的公案, 考虑到曼斯对佛教的兴趣, 这个比喻很合适。曼斯在 20 世纪七八十年代做了很多关于核糖体翻译准确性的早期研究, 因此他感到恼火的是, 玛丽娜·罗德尼娜和我都没有提到他的早期研究, 并在进入演讲的主要话题之前指出了这一点。报告结束时, 玛丽娜批评他演讲内容的前提, 他的怒火更甚了。

因此, 尽管我们之前的几年非常友好 —— 他曾经邀请我去乌普萨拉大学作年度林奈演讲, 曼斯在最后一晚的宴会上向我走来, 谴责我无视他的工作。我终于生气了, 他的同事过来缓和局势时, 我开始和他争论。

会议结束后不久，与会的汤姆·切赫撰写了会议总结，他是第一个发现RNA可以催化反应的科学家。切赫对核糖体是一种核酶这一事实比对其他任何问题都更加感兴趣，所以只是顺带提及了我们的工作。也许他对于什么才是真正重要和有趣的观点是行业内的普遍认知。最重要的是，后来我才得知曼斯已经加入了诺贝尔化学委员会。

即使我和曼斯之前保持友好的态度，考虑到我们在宴会上的争论以及他随后成为委员会的成员，我接受了我永远不会成为该奖的真正竞争者这一事实。尽管令人失望，但从某些方面来说也是一种解脱。在我一生大部分时间仅有从事科学工作的经验之后，我感觉这几年的竞选政治也令人分心、不舒服。在接下来的几年中，我拒绝了随后几乎所有在瑞典举行的会议邀请。现在我可以回到工作轨道上来了，是时候制作核糖体的完整电影了。

第 17 章
电影初现

从核糖体的两个独立亚基的结构中能获取到的新知识已经达到了极限。一些发生在局部的功能可以在单个亚基中进行研究，例如形成肽键的反应或tRNA与密码子的相互作用，或者结合抗生素。但是现在我们需要了解核糖体是如何选择tRNA，沿着mRNA移动，开始翻译和终止翻译。

了解整个过程在很多方面就像了解其他任何机器一样。要了解四冲程内燃机，你需要理解以下的不同阶段，吸入燃油和空气的混合物，对其进行压缩以及点燃混合物以产生推动活塞的动力，然后可以转动曲柄并最终使车轮滚动。你需要一部包含整个过程的电影。

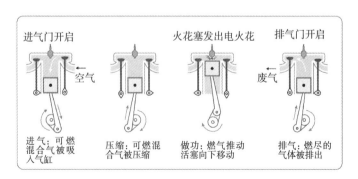

图17.1　四冲程内燃机的一次循环工作

　　核糖体也有其工作的周期，我们希望在过程的不同状态下收集尽可能多的快照。

　　我们已经用电子显微镜获得了其中许多状态的模糊图像。由约阿希姆·弗兰克的实验室产生的许多图像，使我们首次了解了核糖体在不同功能状态下的形态。尽管这些年来该技术的分辨率慢慢有所提高，仍然离看清化学相互作用的细节差得很远，因此该机器在分子层面的工作方式仍然是个谜。你可以将它们看作是虚焦的图像，因此细节不清楚。除了把核糖体的不同状态费力地锁住，然后不厌其烦地结晶之外，似乎没有其他更好的研究方法，这过程可能要花费数年的努力，而且不能保证成功。

　　那时，整个核糖体甚至还没有一个详细的原子结构。哈里实验室的结构分辨率很低，而且他们的核糖体晶体并不在工作状态，不能展示过程中的任何一步。因此，一场新的比赛开始了，与之前的两两对决比赛不同，几乎所有参与核糖体晶体学研究的人都参加了这场比赛。除了汤姆、彼得和哈里等最初的小组外，哈里实验室中的一些人，例如杰米·凯特、马拉特和古纳拉·尤苏波夫，现在都有了自己的实验室，我们所有人都在努力获得整个核糖体的高分辨率结构。在巴黎的一次会议上，某个人认为核糖体研究已经"完成"了，汤姆和我迅速纠正了他的误解。他问接下来会发生什么，汤姆说有一天有人会面带笑容出现在会议上，然后其他人会非常失落。

　　那时，在我的实验室中从事30S亚基的成员慢慢都进入了新的事业阶段。新团队中来的第一个人是弗兰克·墨菲（Frank Murphy），他与一开始做30S的很多人有一段时间的重合。他来自丹佛，性格乐天，但也会说冷幽默，总是带着微笑讲出来。像迪特列夫·布罗德森一样，他结合了出色的计算、晶体学以及生化技能，并像迪特列夫一样，做事很有体系和条理。他还是一位出色的老师，在实验室中帮我培训了很多人，并负责许多次前往同步加速器的行程。

我们认为尝试复制尤苏波夫夫妇报告的哈里实验室的70S晶体是一个好的开端，就像当年我们用俄罗斯开发的30S亚基结晶条件作为起点一样。尽管我们从玛丽亚·加伯那里得到一些提示，说色谱柱对于当年俄罗斯团队的成功很有用，我们却无法复制这种晶体。报告中一定缺少了某些内容。就连俄罗斯团队最初关于30S和70S晶体的报告也没有任何有用的信息——我是在使用有限的俄语查看时才发现的。

作为核糖体路演的一部分，在我大量的旅程中，有一次在布宜诺斯艾利斯，彼得、我和马拉特围桌而坐。我们告诉他，我们俩都不能使用他发表的流程来复制出他的晶体。马拉特说，这取决于正确处理一些小细节。当我们询问是什么细节时，他回答说他也无法告诉我们，因为其中一些只有古纳拉知道。这时，彼得突然大笑起来，说："我想这意味着如果你们被抓到，你们两个都不会走漏消息！"事实上，我听说马拉特和古纳拉都用俄语记录笔记，当他们离开哈里的实验室之后，似乎有段时间他也无法重复出这些晶体。最终，哈里雇用了最初结晶核糖体的俄罗斯小组的另一位重要成员谢尔盖·特拉汉诺夫，使哈里的实验重回正轨。

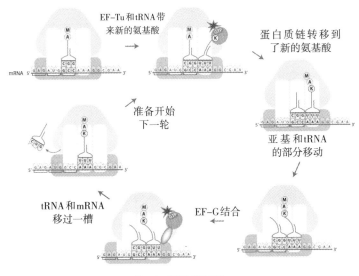

EF-Tu 和 tRNA 带
来新的氨基酸

蛋白质链转移到
了新的氨基酸

准备开始
下一轮

亚 基 和 tRNA
的部分移动

tRNA 和 mRNA
移过一槽

EF-G 结合

图17.2　核糖体延伸周期

　　不管怎么说，弗兰克锲而不舍地同迈克·塔里（Mike Tarry）一
起努力研究如何纯化核糖体来获得足够好的结晶，迈克替换了罗布
（Rob）成为新的技术员。他们学习了如何摒除一种降解RNA的酶来
纯化核糖体，并获得了一些形态不同的晶体，与圣克鲁斯团队的差不
多好，但是肯定达不到解析原子的分辨率。

　　因为有这么多实验室一起攻克整个核糖体的高分辨率结构，我们
认为最好的策略是实验室各人专注核糖体的不同状态。我们无法预测
哪种状态会产生晶体，每个不同的状态都很有趣。这样的话，即使某
些状态被别的实验室抢先，我们也不会完全退出游戏。弗兰克决定尝
试捕获核糖体的这个瞬间：蛋白质因子EF-Tu将tRNA送入核糖体从
而带来新的氨基酸的过程。我们的研究已经表明，通过监测密码子和

反密码子之间3个碱基对中前两个碱基的形状，30S亚基可以选择正确匹配的tRNA。像许多与核糖体结合的因子一样，EF-Tu之所以被称为GTP水解酶（GTPase），是因为它会裂解GTP（鸟苷三磷酸）3个磷酸中的2个并释放能量。因为GTP的这种水解作用基本上是不可逆的，它可以类比于引擎中火花和燃气导致的燃烧过程。而EF-Tu的问题在于，tRNA和密码子之间的匹配如何导致这个因子水解GTP，因为因子与密码子相距很远。这有点像问点火开关上匹配的钥匙转动如何能使相距甚远的发动机启动。GTP的水解也像开关一样起作用，它会导致EF-Tu释放tRNA。之后tRNA的末端可以自由摆动到大亚基的肽基转移酶中心，在这里，不断增长的蛋白质链会从P位上的tRNA转移到A位上的该tRNA，连上新的氨基酸。

当我们使用嗜热菌的核糖体努力多年寻求进展时，听说杰米·凯特成功结晶了大肠杆菌核糖体。不久之后，我们得知他已经突破了3.5Å分辨率这个神奇阈值，因此他可以开始构建原子结构。这是一个重大突破，这将是整个核糖体的第一个高分辨率结构。而且它来自大肠杆菌，几乎所有生物化学和遗传学的核糖体都使用了这个标准细菌。自从艾达首次从嗜热菌中获得大亚基的晶体，但仅从大肠杆菌中获得了微小的微晶之后，大家普遍认为，为了获得晶体，你需要使用嗜好极端的微生物，即那些在极端条件下生长的物种，例如高温或高盐。杰米显然足够年轻和大胆，可以忽略传统观念。

我是杰米的《科学》杂志投稿的评审之一。尽管起初我感到有些失望，因为它并非来自我们的实验室，但看到这一重大进展还是令人兴奋不已。不仅因为它是大肠杆菌核糖体，还因为这是我们第一次看到两个亚基如何结合在一起的细节，并暗示了核糖体将tRNA在其中推进时会发生怎样的变化。杰米有一点儿不幸，他的晶体是核糖体无法结合mRNA和tRNA的一种状态，因此不能用于获取核糖体在不同工作状态下的快照。这意味着我们实验室中的大多数项目仍然可以存活。

无论如何，我对于原子结构被人抢先一步的失望很快就被新加入的两名实验室成员的喜悦所取代。首先是玛丽亚·塞尔默（Maria Selmer），她来自安德斯·利亚斯的实验室，在那里她解析了一种蛋白质的结构，该结构在翻译的最后将核糖体分开，以便可以重新开始新的翻译过程。像迪特列夫，在我实验室待过的另一位斯堪的纳维亚人一样，她很聪明，有条理、愉快、开朗，而且总体上能力很全面。这让我很想知道，斯堪的纳维亚人是不是在抚养孩子方面很有门道，抑或是将他们从阴郁的斯堪的纳维亚半岛带到南边一些的地方，即使最南只到了剑桥，也会令他们变得开朗，而没有伯格曼那样的焦虑。玛丽亚的身材明显比实验室中的男性高，因此在下一年度的圣诞节短剧中，我的团队打扮成白雪公主和七个小矮人，用来搞笑地嘲讽同事和过去一年的事件。

大约玛丽亚加入一年后，克里斯汀·邓纳姆（Christine Dunham）来到了实验室。我曾在意大利埃里切的一次会议上遇见过她，她的才华和思想的火花给我留下了深刻的印象。当时，她在圣克鲁斯（Santa Cruz）的比尔·斯科特（Bill Scott）实验室读研究生，在那里她掌握了RNA化学和晶体学方面的专业知识，因此当她问是否可以在我的实验室工作时，我高兴坏了。当然，因为她在圣克鲁斯的博士生经历，她认识整个哈里团队。她没有理会我的建议,坚持向美国癌症协会申请研究经费,因此当她得到这笔资助的时候,为我节省了很多钱。她精力充沛,开朗,并跟我一样喜欢开玩笑和讲八卦。

也在这个时候,曾在LMB其他实验室担任技术员近20年的安·凯利(Ann Kelley)加入了我的小组。她成了实验室的支柱,生产核糖体、tRNA、因子以及我们需要的其他任何东西,使别人可以专注于自己的工作。她是一个精力充沛的红发英国北方人,对于实验室中的所有外国人经常抱怨当地的天气或习俗感到不满。

玛丽亚和克里斯汀组成了一个很好的团队,她们决定研究tRNA和mRNA如何穿过核糖体的问题,这一步骤称为易位。大约30年前,LMB的马克·布雷茨彻(Mark Bretscher)提出易位分为两个步骤:tRNA首先在一个亚基中移动,然后在另一个亚基中移动。这就为所有生物中都存在两个核糖体亚基的原因提供了理论依据。哈里和他的学生达内什·莫阿泽德(Danesh Moazed)又花了20年的时间才研究出方法证明确实有这样两步,核糖体中tRNA只相对于大亚基发生移动的时候会进入一个中间状态。在第二步中,tRNA和mRNA相对于小亚基移动,完成易位。2000年,约阿希姆·弗兰克和拉吉·阿格劳瓦尔展示了在这一过程中两个亚基会彼此相对旋转。因此,核糖体沿着mRNA的方向移动,就像是由两部分组成的机器沿着弦线以棘轮方式移动一样。移动的第二步被称为伸长因子G的另一个蛋白质因子加速,在过程中也会水解GTP。同样,这个过程的细节以及EF-G如何促进该过程还不完全清楚。

当玛丽亚到达我的实验室时，她已婚且有一个年幼的女儿，她选择了固定的工作时间，这与实验室中大部分单身或至少没有孩子的成员不同。我自从研究生时期有了两个年幼的孩子以来，就一直按固定的时间工作，并感到这种平衡使我的生活更快乐，也让我成了更好的科学家。大约一年后，她来到我的办公室告诉我她怀孕了。我为她感到高兴并向她表示祝贺，但内心深处却担心她的产假会在这场几个实验室之间的激烈竞争中打乱我们的工作节奏。当然我这样的担心十分愚蠢，因为玛丽亚对于 70S 阶段工作的贡献几乎比其他任何人都要多。这个事实以一种非常直接的方式告诉我，只要有人在一个充分支持且时间灵活的环境中，就可以将父母和科学家两个角色都做得非常好。对玛丽亚来说，富有爱心的丈夫对此帮助也很大。

那年晚些时候，玛丽亚从休产假回来之后，发现了一种新的条件，可以生产一种与之前所知都截然不同的嗜热菌晶体形态。该晶体不含 EF-G，尽管在结晶之前我们将该因子添加到了核糖体中。它们仍然含有 mRNA 和 tRNA，并且其衍射性比 2001 年哈里实验室的要好，这些进展总比一无所获要好。

她和克里斯汀开始系统地尝试改善晶体，并与其他人一起前往苏黎世附近维利根（Villigen）的瑞士光源同步辐射加速器观察晶体。这次，我也收到了团队令人惊讶的消息，但是与几年前的断头台实验不同，这是令人喜悦的震惊。他们得到了 2.8 Å 分辨率的数据。这意味着该图谱将比我们的 30S 结构还要详细。但是，晶体中有两个独立的核糖体拷贝，这意味着要建立一个有 50 万个原子的结构。

我们再次全情投入的情景让我想起了当时解析30S的时光。除了弗兰克、玛丽亚和克里斯汀之外，还有两名研究生也加入了实验室，并全力以赴解析新结构。阿尔伯特·韦克斯巴默（Albert Weixlbaumer）在维也纳完成了他的本科工作。他面试时身上衣服打了很多洞，看起来像是非常嬉皮的维也纳反文化运动的首席代表。我招收他是因为他在面试中表现非常出色，但他随后立即要求将研究生开始的时间推迟几个月，他想去南美探索。我担心自己犯了一个大错误，但当他回来之后，我就没有质疑过他的全情投入。阿尔伯特工作非常努力，是我实验室中有过的最富有学识好奇心的人之一。至此，他对启动复合体的工作感到非常沮丧，这个问题直到十年之后用新技术才开始有了突破。

另一个学生是萨宾·佩特里（Sabine Petry），我熟知其工作的法兰克福科学家哈拉德·施瓦布（Harald Schwalbe）竭力推荐她。她身高1.8米，高过实验室的其他所有人，甚至是玛丽亚。除了出色的本科成绩外，她还曾为德国女篮效力。在许多方面，她都符合有条理的德国人的刻板印象。当她发现我们没有定期实验室会议时，感到震惊。我告诉她，如果她真的很想要开会，可以自己启动。于是她立即组织，并严格规定了每周应由哪个实验室成员发言。另一个例子是，有一天来到实验室我们发现所有的旧胶盒都被扔掉了，取而代之的是用彩色胶带编码的新胶盒，表明它们的用途。盒子上方有一个严厉的告诫，警告大家不要将它们混淆。

整个团队必须在图形室中共同工作数周，才能构建出这个巨大的新分子。它虽然不像从头开始构建30S和50S亚基那样困难，但是仍然需要大量工作，特别是因为 50S 用的物种与以前解析的都不一样。完成图谱后，我们可以精确地看到 mRNA 和 tRNA 与核糖体的相互作用。降低镁的浓度会使亚基解离，升高浓度会使它们重新聚在一起，这个事实 50 年前就知道了。现在我们可以直观地看到原因：两个亚基之间的许多接触都是通过带正电的镁离子进行的，而镁离子介导了 RNA 磷酸根上的负电荷之间的接触。在其他位置，镁离子通过中和负磷酸盐基团，使它们靠得更近，从而使 RNA 紧密折叠。

我们写完文章并提交之后，玛丽亚立刻参加了在美国举行的 RNA 会议，而我又再次去了埃里切。令我们有些懊恼的是，玛丽亚在会议上发现哈里现在也有了改进的结构。有点像六年前的那场 30S 竞赛，这两种结构几乎同时发表。哈里的新结构肯定比 2001 年的分辨率更高，但就像之前的两个 30S 结构一样，我们的结构更准确、更完整，因此被普遍采纳。

就像之前得到的 30S 结构一样，我们希望对新的 70S 晶体的各种功能性问题进行有趣的后续研究，但立即遇到了问题。当实验室尝试重复制备衍射良好的 70S 晶体时，结果很不稳定。有些晶体衍射得还行，但都不如他们带到瑞士的原始晶体好。其他的一些晶体完全不衍射。即使我们以为已经解决了这个问题，我们还是无法将任何东西结合到核糖体上。

事实证明 70S 晶体不再像 30S 晶体那样是金矿。70S 结构发表后，成员们陆续从实验室毕业。弗兰克去了阿贡工作，马尔科姆·卡佩尔现在在那里担任高级职位。玛丽亚在乌普萨拉（Uppsala）大学找到了教职，克里斯汀在埃默里大学（Emory University）找到了教职。萨宾去了UCSF做博士后。在70S的原始团体中，只有阿尔伯特留下了。

大约在这个时候，下一次核糖体会议定于2007年6月上旬在科德角举行。这将是我第一次在其发表之后谈论高分辨率70S结构。到了这个时候，我已经厌倦了核糖体研究的各种政治，因此我在开始报告的时候，非常直言不讳地给出了我的评估，比较了我们的70S结构与哈里实验室同时期发表的结构，并指出了一些差异。

我还感到，一直以来，人们没有意识到我们发表的30S结构的重要性，它不仅用于解释生化数据，还用于校正其他结构。为此，我突然展示了一张我居住的格兰切斯特村庄的地形测绘图图片，我能感觉到观众的疑惑：这与核糖体有什么关系。也许他们认为我疯了。我继续指出，地形测绘在地图上其实设置了一些错误的信息，因此，如果其他地图制作者只是复制它们而不是自己进行测量，那么就会被发现。作为科学家，我继续说，我们没有故意想要引入虚假的特征，但是我们确实会犯错误。我补充说，通过使用新的检测器，我们最近收集了更高的分辨率数据，这使我们能够纠正原始的30S结构中的一些错误，并且讽刺地说，其他人也犯了这些完全相同的错误，这真的很奇怪。第二天早晨，哈里坚决捍卫他的70S结构，但汤姆几乎立即反驳了他，因为他的博士后米尔扬·西蒙诺维奇（Miljan Simonovic）对这两种结构进行了仔细的分析，毫不动摇地站在了我们这一边。

之后，安德斯·利亚斯来找我，说他认为我的行为有些反常。我回答说，我厌倦了人们在没有承认我们功劳的情况下使用我们的工作。

他问道:"为什么你要在自己已经领先的情况下攻击别人呢?"当时我还没有意识到,但这是我的工作在瑞典圈子中广受好评的第一个暗示。尽管如此,我还是很高兴在一天后离开,短暂地参加了一天别的会议,然后前往马萨诸塞州诺斯伯勒,看着我的儿子拉曼和他的伴侣梅利莎在她父亲家的后院结婚。那是一个极美的夏日,我很高兴能与老朋友和亲戚见面,同时庆祝这对年轻夫妇步入幸福的婚姻,而短暂忘却了科学上的烦恼和政治。

回来之后,我们几个月都无法取得进展。有一天,在耶鲁大学彼得实验室攻读博士学位的新博士后金虹(音译,Hong Jin)走进我的办公室。她是晶体学的新手,问我冷冻晶体的具体流程。这个过程非常简单:将晶体转移到一种防冻剂中,该溶液的成分与生长晶体时所用的原始溶液完全相同,除此之外,还包含一些类似防冻剂的化合物,例如甘油、酒精或乙二醇。她说我们现在的流程不是这样的。当我听到我们的实际操作时,我突然意识到为什么做不出新的晶体了。

在将晶体转移到防冻剂中时,我的实验室成员忘了放入一些原始成分,其中之一是镁。当然,我们所有人都知道,镁不仅对于将亚基结合在一起很重要,而且对于使核糖体中的RNA正确折叠也非常重要。难怪晶体的质量如此不稳定,晶体起初可能很好,但是我们在冷冻之前除去了镁会破坏晶体的秩序。这也解释了为什么我们尝试的其他分子,如约束释放因子,也都没有起作用。我恨自己没有看到这个巨大的错误,而使我们白白浪费了将近两年的时间。但是至少现在开始我们可以取得进展了。

通过这些70S晶体，我们想要解决的一个重要的悬而未决的问题是，核糖体如何知道何时在基因序列的末端停止翻译。编码序列的末端包含3个终止密码子（UAA，UAG或UGA）之一，它们不编码氨基酸，但发出信号告知核糖体已到达翻译末端。当这些终止密码子之一进入核糖体的A位点时，它被称为释放因子的特殊蛋白质因子识别，该因子与核糖体结合并从tRNA上裂解开新产生的蛋白质。在细菌中，有两种因子，分别称为RF1和RF2。释放因子如何识别终止密码子以及它们如何从蛋白质上裂解是非常根本的问题 —— 毕竟，这些问题与核糖体如何知道何时在基因序列的末端终止并释放新产生的蛋白质产物有关。萨宾·佩特里之前成功将释放因子与我们早期的低分辨率晶体中的核糖体结合。之后我们一直无法让它们与新的高分辨率晶体结合，但现在我们知道了原因。

就快要来不及了。在发现镁问题后不久，现为UCSF博士后的沙宾写邮件说，哈里的实验室在湾区报告中说，他们已经解析了核糖体与RF1结合的结构。最具有讽刺意味的是，哈里的实验室摒弃了他们自己发表的曾在科德角大力捍卫的晶体形式，并复制了我们的晶体形式，但没有像我们冻结晶体时那样犯错误。我想这大概是终极的赞美了，但结果仍然使我痛心。

哈里的实验室解析了核糖体与RF1结合的结构，它是识别终止密码UAA和UAG的释放因子。因此，我们开始疯狂地尝试对RF2做同样的操作，RF2会识别UAA和UGA。想法是，通过比较这两个因子，我们将知道这两个释放因子如何将3个终止密码子与其他61个密码子区别开来，其他的密码子都用来编码氨基酸并被tRNA识别。

留下的阿尔伯特因为在 70S 晶体学方面拥有最丰富的经验，他主导了这项工作，最初指出镁这一问题的金虹作为他密切的助手一起合作。像以前一样，整个实验室都全情投入。这次，有两名新的研究生帮忙，卡伊·纽鲍尔（Caj Neubauer）和丽贝卡·沃希（Rebecca Voorhees）。

卡伊一开始研究一个与主要翻译路径相关的旁支问题，即当核糖体卡在有缺陷的 mRNA 上时，如何通过一种特殊的分子来解救，例如缺少终止密码子而无法正常终止翻译的 mRNA。他是一个安静而认真的年轻人，在德国完成了大学学业。卡伊还是每个人都喜欢的社交能手，当实验室内部有冲突时，他会经常进行调解。

丽贝卡来自耶鲁大学，她的本科生导师斯科特·斯特罗贝尔（Scott Strobel）（他在核糖体如何形成肽键方面做了很多工作）告诉我，她对研究基金提案申请的建议甚至比他的许多博士后都更好。不寻常的是，她最初到我的实验室是想读一个为期一年的硕士课程，之后回美国念医学院，更不寻常的是，她带来了自己的项目，该项目是制造模拟两个肽键键合的氨基酸将两个 tRNA 链接。这样的话，我们可以得到正在形成肽键过程中的核糖体。尽管该项目没有成功，她放弃了一年后返回美国的计划，又放弃了就读医学院的想法，最终在 LMB 待了 10 年，之后回到加州理工学院任教。

幸运的是，《科学》杂志有兴趣发表我们关于释放因子的故事，因此我们匆忙地撰写了一篇 RF2 结合到核糖体上的论文。哈里实验室关于该主题的论文以及我们自己的努力，意味着我们开始了解核糖体如何在基因末端的终止密码子处终止翻译。

那时其他几个实验室也已经复制出了玛丽亚最初发现的这些晶体。除了哈里的实验室外，马拉特也已转换到这种新的晶体形式，汤姆的实验室也复制了它们。我们因为镁的失误失去了将近两年的领先优势，任何人都可以用这些晶体来获得核糖体的新知。

但是，如果我们要解决关于核糖体的两个最大的遗留问题，即如何将tRNA传递至核糖体以及tRNA和mRNA如果穿过核糖体，那么这些晶体没有什么用。这些步骤由GTP酶因子EF-Tu和EF-G催化，它们会水解GTP，释放的能量让核糖体机器往前走。在这些晶体中，一种被称为L9的蛋白质凸出来并与晶体中相邻的核糖体分子结合，从而阻止了任何EF-Tu、EF-G或是任何其他GTP酶因子的结合。因此，没有办法使用这些晶体来解析结合因子的复合物，我们陷入了另一种僵局。

几年前，当我们第一次发现这个问题时，我一直在进行思考，认为删除L9基因的一部分是一个好主意。因为这样就能消除L9蛋白质突出的部分，不会阻止我们感兴趣的因子的结合。一天早上，我激动不已地走进实验室，宣布了我的绝妙想法。弗兰克笑了，以他一贯的嘲讽口气说我来晚了。事实证明，玛丽亚已经想到了这一点，甚至已经订购了所需的DNA片段，用基因工程实现这部分的删除。她和艾伯特构建了一种缺乏该蛋白质的新嗜热菌。

可惜的是，当他们尝试用与天然（或"野生型"）嗜热菌菌株的核糖体相同的条件结晶这些突变核糖体时，他们根本看不到任何晶体。我们需要实验新的条件来获得这些突变体的核糖体晶体，最好还能与一个因子结合。在他离开之前，弗兰克曾尝试加入 EF-Tu 来使 L9 缺失突变体的核糖体结晶，但似乎没有任何效果。

现在，新的博士后高永贵（Yonggui Gao）想来一次新的尝试。他在中国获得博士学位，并在日本的田中功实验室做了第一期博士后。他花了大约一年的时间，得到了可以使添加 EF-G 的突变核糖体结晶的条件。当他收集低分辨率数据集时，我们可以看到它们确实是一种新的结晶形式，其中包含了 EF-G。那个时候，安·凯利告诉我们，她去翻看了在弗兰克·墨菲离开实验室之前做的一些突变核糖体和 EF-Tu 结合的结晶试验。在与高永贵实验的相同条件下，她也发现了小的晶体。这简直是一石二鸟，我们一下子得到了延伸周期中有两个关键步骤的核糖体结晶。

解析这两个因子对一个人来说工作量太大，所以我告诉高永贵专心做 EF-G，并问马丁·施梅因是否可以在 EF-Tu 上与丽贝卡和安合作。马丁是一位经验丰富的晶体学专家，曾在汤姆·斯泰兹的实验室做研究生，做了一些漂亮的工作，试图了解核糖体中肽键的形成方式。他是一个高个子、长相英俊的男人，有着夺目的蓝眼睛，一方面痴迷于运动，另一方面极其敏感和浪漫，是个奇怪的组合。我以前在会议中见过他，并说服了他来我实验室用电子显微镜研究核糖体结构，因此他不会与他的老导师汤姆有直接竞争。

他与加拿大人洛瑞·帕斯莫尔（Lori Passmore）一起在我的实验

室开始工作，洛瑞之前在伦敦大卫·巴福德（David Barford）的实验室，在那里她主动通过与休斯敦的邱华（音译，Wah Chiu）合作学习了电子显微镜。她最初写信给理查德·亨德森表示希望做他的博士后，但是我觉得她的电子显微镜技能对实验室有利，就问她是否考虑来我的实验室。迪特列夫和我涉足了一点电镜技术，但这实际上门道颇多，需要一个真正懂行的人。幸运的是，洛瑞同意了。

他们两个是我曾指导的最杰出的博士后，为核糖体如何在真核生物中开始翻译的课题工作了一段时间。但是，在取得了一些初步成功之后，洛瑞在LMB建立了自己的团队，留马丁独自一人解决这个棘手的问题。当我问他，是否愿意换一个主题，研究EF-Tu与核糖体结合的晶体结构时，由于在电子显微镜方面的进展不足，他已经变得非常沮丧。

大概只过了一天的时间，他决定重新回归晶体学，更不用说这个课题是从他在耶鲁大学读研究生以来就一直感兴趣的项目。他与丽贝卡和安·凯利合作攻克难题，而高永贵则专注于EF-G。2009年伊始，我们又回到了正轨。

第 18 章
十月来电

2009年开始得很顺利。带有EF-Tu和EF-G的核糖体的新晶体正在稳步改善。很快，我们就获得了这两种结构可用的密度图，并且随着它们的逐步构建，我们有了两个核糖体工作状态的新快照。很大程度上来说，电子显微镜已经提供了所期望的大致轮廓，这些工作由约阿希姆·弗兰克的实验室以及他的一些门生完成，例如柏林的克里斯汀·斯潘（Christian Spahn）。但是随着图谱的改进，我们可以看到具体的原子细节，包括核糖体机器完成每个周期时，因子和核糖体中所有细微的移动。这真是太让人激动了。

即使在激动人心的科学发现过程中，核糖体相关的政治仍保持稳定的节奏。那时候，经过多年的努力，我的核糖体工作已经获得了很多认可。我当选为英国皇家学会和美国国家科学院院士。2007年，我获得了路易斯·让埃特医学奖。这是一个享有声望的奖项，但仅颁给在欧洲工作的活跃科学家，这就排除了核糖体中的其他主要参与者。它还强调获奖人必须还是"活跃"的科学家，方法是限制大部分奖金只能用于做研究，而不是用于个人用途，因此就基本排除了职业生涯尾声的科学家。

但是，核糖体研究的国际类奖项似乎总是归其他人所有。内心深处，我认为，比其他发现更重要的科学事件，就是确定核糖体亚基的原子结构以及随后进行的功能研究，我们为此做出了重大贡献。但是很明显，大多数评审团并不这么认为。我已经接受了这个事实，即我可能不会获得核糖体的重大国际奖项，但我必须承认每年10月的时候我会感到有些不安。每当我得知这一年的诺贝尔奖不是针对核糖体，而是其他领域时，我都会松一口气，至少不可避免的失望又推迟了一年。令人不爽的是，即使你并不真正在乎奖项本身，从一群都做出重要科学的人中选出不超过3名授奖本身会让其他人感觉自己只是失败的陪跑者。

一年年过去，参加2004年塔尔伯格会议的各界人士陆续得到了诺贝尔委员会的认可。最早的一位是罗杰·康伯格，他因在真核RNA聚合酶上的研究而独自获奖，该酶是在高等生物中将DNA复制为RNA的大型酶。没有人质疑罗杰应得这个奖项，但奇怪的是，他们只授予了他一个人。如果他们认为真核转录特别重要，那么他们也可以将奖项授予鲍勃·罗德，他在高等生物中发现了3种独特的RNA聚合酶。又或者，如果他们认为RNA聚合酶的结构和机制很重要，那么他们也可以颁给汤姆·斯泰兹，他解析了第一个RNA聚合酶的结构（甚至更早的时候解析了DNA聚合酶），以及塞斯·达斯特（Seth Darst），罗杰的前博士后，他解析了细菌中的RNA聚合酶，聚合酶的核心演化上很保守，与高等生物类似。我的猜测是，诺贝尔委员会无法就其他候选人达成共识，因此他们只将其授予罗杰。值得注意的是，一年前，鲍勃·罗德曾获得过同一领域的拉斯克奖，而非罗杰，这充分表明了这些奖项的主观性。

几年后，塔尔伯格会议的另一位演讲者钱永健分享了诺贝尔奖，以表彰他通过用荧光蛋白标记细胞而改变了我们观察细胞结构方式的工作。在我和许多其他科学家看来，核糖体可能永远不会获得诺贝尔奖，因为从所有贡献者中选择不超过3个人这个难题似乎是不可克服的。

我在2009年年初访问美国时，曾遇到拉斯克评审团的一位杰出科学家，这正是他当时想要解决的问题。显然，他们年复一年地花了很多时间讨论核糖体，也没有商定谁应该获奖，因为名额限制最多只能3人。他希望知道我对这个领域各种贡献的见解，以帮助他打破僵局。我说我肯定不可能客观，他说他会考虑这一点。

我告诉他我不能谈论自己的贡献，但是我们坦诚地聊了其他人。我说，汤姆·斯泰兹和彼得·摩尔的贡献毫无疑问。但是，除了最初的罗森斯蒂尔奖，彼得也被排除在其他奖项之外。这主要是因为他与汤姆的合作更多是关于核糖体结晶本身，但是当他们在耶鲁大学开始项目时，艾达已经生产出了衍射良好的晶体，并将其作为解析结构的起点。因此，接下来是解决晶体学上的问题，这主要是汤姆的领域。实际上，多年来，彼得已平静地决定不淌这趟浑水了，并开始支持汤姆获取奖项。

哈里·诺勒毕生致力于研究核糖体相关的重要问题，对于发现核糖体根本上是基于RNA的机器这个事实他做出了比别人更多的贡献。他对核糖体RNA的测序使卡尔·沃斯（Carl Woese）发现了生命的第三分支 —— 古细菌。但是核糖体的相关生物化学 —— 例如哪个亚基读取密码，哪个进行肽键键合的形成，tRNA结合位点的发现以及蛋白质因子的作用 —— 这些在哈里开始他的工作之前就已经确定。哈里的许多生化工作都涉及尝试通过生化方法测量核糖体中各个组成之间距离的远近，而这些并不能告诉我们核糖体具体是如何工作的，而且随着晶体结构的发表便显得过时了。RNA在核糖体中的作用首先由克里克提出，尽管哈里进行了许多实验，较强地暗示核糖体中RNA的重要性，但核糖体是核酶这一事实最终由其他人做出的高分辨率晶体结构证实。那时，切赫和奥特曼已在其他情况下发现了RNA的催化作用。就结构而言，他实验室最初的完整核糖体结构分辨率很低，是由其他实验室完成的两个亚基的原子结构衍生而来的。

当我们谈到艾达时，他感觉她的巅峰期已经过去了。我回答说，大奖应该考虑谁为一个领域做出了开创性的贡献，而不应仅仅因为她已经停滞不前，或者别人有了新的发现就将她排除在外。艾达的远见卓识，看到了攻克核糖体问题的关键，不仅完成了奠定阶段的初期工作，而且还在生产衍射到高分辨率的50S晶体之前让该项目存活了十多年。虽然最初的工作是和维特曼共同完成的，但是现在他已经去世了。我告诉与我交谈的科学家，她也不应该单独获得奖励，因为是其他人引入了新的研究手段和洞见，并且完成了两个亚基和整个核糖体详细的功能性研究。

谈话后，他让我给他发送这些观点的书面总结。尽管我不再对自己获奖感到乐观，我还是忍不住在发送的报告中囊括了自己带有注释的简历，以防万一。当时他和我都没有意识到这么做已经毫无意义。这位杰出的科学家等了太久才采取行动。

没有时间为此烦恼太多了，因为我们还有论文要写。除了准备投稿《科学》杂志的两篇有关 EF-Tu 和 EF-G 的论文外，马丁和我还在给《自然》撰写一篇已经拖稿一年多的核糖体综述，我们正奋笔疾书。

提交这些文稿之后，我马不停蹄地赶去冷泉港参加一次会议。那年的专题讨论会是分子水平上的演化，以庆祝达尔文的《物种起源》出版 150 周年及其诞辰 200 周年。在关于生命的化学起源分会上，我被选为核糖体研究的代表发言，分会的大部分内容是关于生命如何起源于 RNA 世界。选我做报告其实我感到有些惊讶，因为我不像哈里那样对 RNA 狂热，核糖体中的 RNA 部分只是我们工作的附带内容。我的演讲讨论的是核糖体的所有关键位点都由 RNA 组成，包括识别 mRNA、形成肽键和结合 tRNA 的位点。分会的其余部分中有汤姆·切赫、杰里·乔伊斯（Jerry Joyce）和杰克·索佐斯塔克等真正的 RNA 专家，他们涉及的领域包括 RNA 如何开始自我复制，蛋白质如何逐渐取代 RNA 并演变成当今的酶，以及第一个细胞是如何形成的。我们会议上的一个亮点是克雷格·文特（Craig Venter），这个特立独行的科学家以其基因组测序工作以及试图构建人工基因组而闻名。他只是为了自己的演讲飞来，讲完之后又马上离开了 —— 显然，他生活在与我们其他人不同的世界中。

我在报告中还注意到吉姆·沃森坐在前排。事后，杰里·乔伊斯告诉我说沃森只是为了文特和我的报告赶来。他打趣道："你一定在某人的短名单上。"显然，我不在沃森的名单上。分会结束后，我在供给咖啡的大厅遇见了他。他向我询问谁做了哪些核糖体研究，并特意询问哈里在做什么。然后他停了下来，睁大眼睛凝视着我，说我的工作虽然很漂亮，但我真的不应该操心斯德哥尔摩的事，没有获得大奖并不是世界末日。如此坦率和完全不请自来，沃森这些闻名于世的性格特点让我觉得有些好笑，而并没有对他的评价感到愤怒。也许他忘记了，9年前我们第一次在飞机上相遇时，他已经对我说了同样的话。

此后不久的8月，在剑桥召开了一次小型会议，艾达被邀请参加。她询问是否可以参观LMB，于是我安排她作了一次报告，一些同事知道我俩之间的紧张关系，因此被这个安排逗乐了。我介绍她说，尽管我们可能会争论谁在核糖体中贡献了什么，但是谁开创了晶体学工作这一点毫无疑问，然后我回忆了很久之前在耶鲁大学与她第一次相遇的故事。艾达几乎只穿黑色衣服，所以我毫不怀疑她会穿什么出席。那时，我也变得很喜欢全黑的服装，觉得这是适当的对约翰尼·卡什表示敬意的方式，毕竟他的音乐帮助比尔冷冻了如此多的晶体。

所以为了开个玩笑，我也身着全黑的衣服出席，马丁·施明在我办公室外为身着同色服饰的我俩合影留念，背景上的海报是2000年美国国立卫生研究院组织的斯泰登演讲，当时艾达和我都受邀演讲。一天的行程结束后，我带艾达去了剑桥附近我最喜欢的南印度餐厅吃饭。我们之间的紧张关系似乎被抛在脑后，谈论和调侃科学都让我们很享受。

至此已经是9月底了，我们提交给《科学》与《自然》杂志的论文已经过修订，马丁正努力为《科学》提交一幅赏心悦目的封面图。我们都心情愉悦。我不得不短暂地打断我的科研工作，作为分子病理学研究（IMP）的顾问委员会成员前往维也纳。我已经做了两年成员，听出色的科学家们谈论他们的进展总是非常愉快的经历。我不确定我的建议是否有意义，但这也是一个认识世界各地参与该委员会的杰出科学家的机会。

图18.1 同样身着黑色套装的艾达·尤纳斯和作者

其中一位是哥伦比亚大学著名的神经科学家埃里克·坎德尔（Eric Kandel），他对于记忆的基础机制贡献颇丰。在这种场合下，经常会有人提及"核糖体大奖"。参与对话的坎德尔说，他认为这绝对值得诺贝尔奖。他透露自己在拉斯克陪审团中，一直有围绕这个主题的讨论。然后他告诉我说，我一直是讨论的中心，但匆忙补充——以防我抱有希望——我不应该指望它！我笑着向他保证我没有屏息等待。就在那时，IMP的主任巴里·迪克森（Barry Dickson）问我，核糖体诺贝尔奖会怎样产生。我开玩笑说，不需要过多担心这个，我们中有些人去世之前这个奖选不出来。

我从维也纳返回后的一周诺贝尔奖宣布了。开奖总是在10月初按照既定顺序宣布。星期一，他们宣布了生理学或医学奖，该奖项颁给了新发现的一种基于RNA的酶——端粒酶，该酶延长了我们DNA的末端，并防止DNA末端在我们的一生中缩短太多。杰克·索斯塔克是其中一位获奖者，几个月前，我们在冷泉港的同一个分会中演讲。我知道他会被祝贺的消息淹没，因此我向杰克以前的学生乔恩·洛尔希（Jon Lorsch）和瑞秋·格林（Rachel Green）表示祝贺，说他们今后获奖的概率上升了，因为从统计学上说，获得诺贝尔奖的最可靠方法是为诺贝尔奖获得者工作。由于瑞秋曾是哈里的博士后，我告诉他们，瑞秋最终获奖的概率有可能会翻倍。

化学奖将于星期三宣布。化学奖经常在纯粹的化学家和生物化学家之间轮换。这通常是导致核心化学家之间争执的原因，他们抱怨化学奖经常授予几乎不了解任何化学的人，这一点完全可以理解。由于前一年该奖分配给了"生物"领域，因此我认为核糖体领域将不会成为候选，我的判决将暂缓一年。所以到了星期三早上，我已经完全忘了这回事。上班途中，我的自行车轮胎漏气了，必须走完余下的路。

我迟到了，脾气有点暴躁，这时电话铃响了。我简短地答应，只听到另一端的女人说这是瑞典科学院的重要电话，我能不能等一下。

我立即怀疑这是我的一个朋友精心策划的恶作剧，比如克里斯·希尔或者里克·沃贝，因为他们很爱开玩笑。克里斯曾经写信给盖伊·多德森（Guy Dodson），他曾担任我的LMB工作的官方面试委员会主席，信中说："很高兴你们能试图帮助文奇，因为他在犹他大学混得不怎么样，可能在竞争较弱的英国环境中他能存活。"看到这封信盖伊立刻给在犹他大学的我惊慌地打电话，问我是不是欺骗了他和LMB。

最后，一位自我介绍为贡纳尔·厄尔奎斯（Gunnar Öquist）的瑞典科学家拿起了电话，并说我与汤姆·斯泰兹和艾达·尤纳斯因在核糖体的结构和功能方面的研究而获得诺贝尔化学奖。当他最终念完稿时，有一点停顿。一方面，那是唯一可能包括我在内的获奖组合，这意味着他们意识到原子结构改变了这个领域。但是我仍然难以置信——特别是考虑到我之前在塔尔贝格（Tällberg）会议上与曼斯·埃伦贝格的争执，而随后他被任命为诺贝尔委员会成员。所以我告诉贡纳尔，即使他有很好的瑞典口音，我也不相信他说的话！此时，我听到一些笑声，并意识到另一端应该使用的是免提电话。如果是真的，那么曼斯·埃伦贝格应该在那儿，于是我问是否可以和他说话。笑声越来越多，然后曼斯上线了。他向我表示祝贺，并说这是我应得的，但这是他最后一次讲这样的话！然后，也许他意识到我对大奖模棱两可的态度，尖锐地问："你要来接受它，不是吗？"我这才意识到一切都是真的。人们常常问我第一次知道获奖时候的感觉，其实它对我的影响是逐渐渗入的。我没有感到科学发现那一刹那的狂喜，例如当我们在布鲁克海文同步加速器中看到钨簇的衍射峰时布莱恩和我相互击掌，或者是当我们在阿贡看到异常散射的峰，意识到结构的问题已被破解。

　　有时候当人们问我与这个奖项相关的问题时，我会开玩笑地说谁愿意在寒冷、黑暗的十二月去瑞典吃劣质的素食。有时候，我幻想过拒绝它。但是现实是，无论人们对奖项有何看法，实际得到时都很难将其拒绝，尤其是像诺贝尔这样的大奖。得知自己的同行专家对自己的评价如此之高是极富满足感的。这也是对自己学生、博士后以及在项目上冒着自己职业风险的员工的回馈，如果没有他们是无法完成任何工作的。当然，奖金总是受欢迎的。即使对奖项不屑一顾的理查德·费曼，也接受了金钱的奖赏。

　　那时我意识到曼斯是一个真正正直的人。显然，他已将和我在工作方面的分歧放在一边，并考虑了更大的尺度。在那种程度的讨论中，即使评审员对候选人稍微缺乏热情就可能让这个候选人落选。如果他当时有些怀恨的话，很容易把我排除在考虑之外，而且也没人会知道。也许正是由于像他这样的正直品格，诺贝尔奖尽管经常引起许多争议，但仍然备受尊重。

　　之后，安德斯·利亚斯和古纳·冯·海涅（Gunnar von Heijne）也上线祝贺我。最后，我被告知我可以将消息告诉我的妻子，但是在正式宣布之前，我不可以告诉其他任何人。他们说，与此同时，我应该享受我最后30分钟的平静。

　　我不知道，当时坐在我办公室外面的马丁和丽贝卡都在偷听。他们从来没有类似我的这些怀疑——事实上，一年前，马丁跟我打赌一顿晚餐，说我会获奖。当我挂断电话时，他们兴奋地上蹿下跳。马丁打开一瓶香槟，这瓶香槟本来是准备庆祝《科学》上的文章发表之时用的。

我试图给薇拉打电话，但没有应答。她和我从俄勒冈过来探望的继女谭雅一起散步，由于她没有手机，所以无法联络到她。当她回来时，一个好朋友彼得·罗森塔尔给她打了电话。在来LMB跟着理查德·亨德森做博士后之前，他是唐·威利（Don Wiley）在哈佛的学生，现在在伦敦工作。他的声音低沉，职业态度严谨，非常符合哈佛学生的做派。他告诉薇拉，觉得我还在上班无法联系到我，于是给在家的她打电话。薇拉困惑不解。她说她从来没有联系不到我的情况。彼得停顿了一下，说："或许你还不知道吗？""不知道什么？"薇拉问。这就是她得知奖项的方式。那天晚上晚些时候我们见面时，她的回应是："我还以为你必须聪明绝顶才能拿到这样的奖！"引用加拿大前任总理妻子玛丽顿·皮尔森的话说："每个成功男人的背后，都有一个吃惊的女人。"

LMB是一家规模相对较小的机构，而接连获得了如此多的诺贝尔奖，有一名记者在第二天的报道中将其称为诺贝尔工厂。亚伦·克勒格提出，农场或花园的形容更合适——我们播下种子并培育科学家，而诺贝尔奖有时只是出色科学研究的副产品。尽管如此，多年来庆祝取得诺贝尔奖的传统已逐渐形成。迈克·富勒（Mike Fuller）是十几岁时就加入LMB的最资深员工之一，他在食堂里组织了惯例的香槟庆祝活动，就像几十年来他为所有获得诺贝尔奖的科学家安排的一样。那一天结束的时候，人流不断来到食堂所在的顶层。来了很多摄影师，令我感到遗憾的是，就是那一天，我忘了刮胡子，显得衣衫不整。一位新闻记者想为我和我的实验室成员合影留念，并把一杯香槟塞在我的手中，让我举起香槟，这把丹妮拉·罗兹（Daniela Rhodes）逗乐了，因为她知道我几乎不喝酒。我沉浸于此，感觉到幸福的同时，有一丝释然，最终事态顺利发展了 —— 一开始的担忧和压力现在似乎属于另一个世界。尽管我的工作是很多年间慢慢做出来的，但对于LMB，尤其是理查德·亨德森来说，这个时刻很有意义，因为它证明了当时下赌注选择我是正确的。庆祝之后，我和薇拉在雨中将自行车推回家。

第 19 章
斯德哥尔摩的一周

　　《科学》杂志的两篇论文发表了，我们上了封面，印的是核糖体的两种态的复合物。同时，我们的综述也在《自然》杂志上发表了，封面宣告文章作者是今年的诺贝尔奖得主。再加上诺奖，这么多突如其来的荣誉让人难以招架。我的杯子不仅是盛满了，是已经完全地溢出来了。我觉得没有人有权一下子享有这么多的成功殊荣。

　　诺贝尔奖工作人员关于30分钟转瞬即逝的平静的说法果然应验了。在宣布获奖后，整整两天家里的电话就没停过，还为此不得不重新将线路接驳到LMB的中央总机。《纽约时报》和NPR（全国公共广播电台）的采访让我尤为激动，即使在搬到英格兰之后我仍坚持不懈地阅读和收听这两家美国媒体。有意思的是，即便我们从格兰切斯特认识的朋友在法国电视台看到了获奖新闻，我却并没有出现在英国电视的晚间新闻抑或许多报刊的印刷版上。

　　与之不同的是，海量的印度记者打电话来。我早在19岁的时候就离开了印度，除了我所在领域的业界人士，在很大程度上我已经被那里的人遗忘了。然而一夜之间，我成了整个国家举国庆祝的关注焦点。还有部分公知开始为是否有完全在印度本土工作进而获奖的可能感到焦虑,进行讨论,并进行反思。事实上,自殖民时代的C.V. 拉曼赢得诺贝尔物理学奖以来,印度本土再没有出现过诺贝尔奖得主。收到来自美国总统奥巴马和英国首相戈登·布朗的祝贺信令我感到欣慰,但并不完全出乎意料,毕竟我是居住在英国的美国公民。但收到印度总统和总理的来信让我很诧异,因为那时我已经离开印度近40年,而且在这几十年的绝大部分时间里我都不再享有印度公民的身份。

科学家不习惯公众的关注,当来自印度的陌生电子邮件持续不断如洪水泛滥时,我开始变得烦躁不安。当一个记者问及有印度某研究所任命我为所长的传闻是否属实的时候,我脱口而出否定了这种说法并表示即使这是真的,我肯定也不会接受,然后不胜其烦地抱怨我的收件箱被来自印度的各种陌生邮件塞爆了,以至于严重影响了我继续工作的能力。这可以算是极好的媒体应对的实操教训,因为第二天我的牢骚话刊登上了每家印度主流媒体的头版头条。来自公众的溢美之辞瞬间变成了众怒,我开始收到充满愤怒的陌生邮件,谴责我忘本和傲慢。发表一份带着悔意的声明平息了一部分的情绪却又激怒了另一些人。因为我曾经说了句,国籍就是关于一个人出生地的"意外事故"。一些印度教民族主义者早已对我有所不满,因为在2002年古吉拉特邦骚乱之后,他们从新闻报道中了解到,我支持资助了一项用来帮助贫困穆斯林女孩的奖学金,一部分原因是我作为印度教后裔对对方释出的善意,另一部分原因在于我认为女孩教育的提升会促进整个社会方方面面的发展。为此他们就有更充分的理由认为我和他们的理念相悖,是他们之中的叛徒。

另一方面,得奖的好处之一是让我与很多以前的同事和朋友再度

有了联络，其中还包括一些这些年来我早已失去联系的人。第一个
来信的是维也纳的巴里·迪克森，他让我想起了我们就在几天前的
对话，他说他对于核糖体领域获奖不需要有人先去世而感到宽慰。彼
得写信祝贺我，说他几年前就曾对沃森预言，正是我们仨这个组合能
获得大奖。他接着说，他很高兴我作为曾经和他共事过的人能达到如
此的事业高度。我以为他能这么说体现了他的大度风范，特别是在这
种情况下，他的种种言行无不时时让我感受到他从根本上表现出的礼
与义。

　　很快，该出发去斯德哥尔摩了。诺贝尔奖基金会和瑞典科学院精
心筹备的"大秀"将持续整整一周。这个用心良苦的操作是他们出于
保护诺贝尔这个品牌的巨大的公关和营销努力，所有一切都致力于让
人感到自己独一无二，整个过程让人印象如此深刻，充分向世人证明
了在哪个奖项才是货真价实的殊荣这件事上，诺贝尔奖仍是毋庸置疑
的龙头老大，尤其现在还有其他提供更多奖金的奖项。

　　这一周刚开始，诺贝尔基金会就为每个得奖者分配好私人助理
和专职司机，整个行程都会随其左右。我的助理是位来自外交部的
年轻人，他有着一个瑞典味很浓的名字，帕特里克·尼尔森（Patric
Nilsson）。他说他会在机场接我和薇拉，并带我们去下榻的斯德哥尔
摩大酒店（Grand Hotel）。我告诉他，我已经飞到阿兰达（Arlanda）
机场并乘火车去过斯德哥尔摩市中心很多次了，他不必仅仅为了带我
们去酒店而特地在星期六晚上到机场与我们见面。在他的再三热情坚
持下，我也就恭敬不如从命了。

很显然，我没有搞清楚状况。当我和薇拉下了飞机，在飞机机舱门口口马上就有操着一口地道瑞典口音的贡纳尔·厄尔奎斯迎接我们。在他边上是一位印度人长相的年轻人，他自我介绍说他就是帕特里克·尼尔森！他在婴儿的时候从印度被收养，除了他的肤色，他自然而然在任何其他各个方面都是典型的瑞典人做派。他们（诺贝尔基金会）显然认为将我们和帕特里克配对会很有意思。然后第二个惊喜来了。在将飞机连接到机场建筑物的廊桥中，在飞机附近有一扇我这辈子都没注意的门。薇拉和我迅速从那扇门走过，下楼梯上了已经在等着接我们的汽车，再到贵宾休息室。在那里，就在我们坐下来与贡纳尔聊天的片刻，所有的移民手续和行李都得到了妥善的安排。这件事让我一窥巨富们的生活以及为什么我们从来没在海关等办手续的队伍里见过他们；正如斯科特·菲茨杰拉德（F. Scott Fitzgerald）曾说过，"他们与你我不同"。第二天早上，我发现我忘了从家带来领带，帕特里克就把他自己的领带带来借给我，从中我选择了最不浮夸的苏格兰格子呢。

图19.1　作者多年以来的实验室成员，摄于斯德哥尔摩的一家屋顶餐厅

诺贝尔奖的相关人员说，除了薇拉，我还能带十几位客人，所以我邀请了我们的孩子谭雅和拉曼，我儿媳梅利莎，我的姐姐拉丽塔和姐夫马克·特罗尔。我还邀请了我的好朋友夫妇布鲁斯（Bruce）和

凯伦·布伦施维格（Karen Brunschwig）—— 毕竟，如果没有布鲁斯的六亚甲基四胺锇，我也就与斯德哥尔摩无缘了。剩下的空缺我留给了那些冒着职业风险持续研究30S亚基的几个学生和博士后。最后的位置留给了理查德·亨德森，感谢他雇用我到LMB工作以及多年以来对我的支持。这可能是我的"官方"代表团，但比尔这个组团达人并不会因为正式场合宾客人数的限制就施展不开了。他挑梁负责在斯德哥尔摩另外组织了一次非官方的并行庆祝活动，几乎所有曾在我实验室工作的人都参加了庆祝活动。他甚至向诺贝尔委员会咨询大家的住宿和聚会的好去处。其中有一次是在斯德哥尔摩一家特别棒的素食餐厅一起共进午餐，此后我再也不抱怨瑞典素食的糟糕了。

某晚我们在一栋能欣赏到斯德哥尔摩城市美景的建筑顶层吃晚饭，我的实验室成员们说起关于我的各种糗事来揶揄我。他们说起我关于使用断头台设备的提议和之后摧毁的200颗晶体，在一次去同步加速器做实验的途中我同时将所有人锁在两辆汽车之外，还有我曾不经意地就删除了刚在同步加速器中收集的一些重要数据，以及许多其他令人尴尬的事情。

诺贝尔奖正式节目外安排的各种晚宴、招待会和采访占据了所有的剩余时间。对我而言，其中最重要的莫过于在斯德哥尔摩大学最大的礼堂之一所举行的诺贝尔奖演讲。当我还是一名本科生时，我就拜读过许多诺贝尔奖演讲，而且这些前辈演讲的历史性、学术性和连贯性的表达如此美妙，现在轮到我了，内心不免恐慌。因此，我就核糖体如何在读取遗传密码时保持准确性进行了认真的讲演准备。我还没有意识到，我读过的过往的诺贝尔奖演讲并不是得奖人实际演讲的笔录。当安德斯·利亚斯告诉我这个演讲的受众是斯德哥尔摩大学的广大学生和教职员工而不是专业人士时，我大吃一惊。为了让演讲内容更浅显易懂，我熬夜到凌晨1点左右重做了我的演示文稿。第二天早上，我累得连紧张的力气都没了。

演讲是按字母表的顺序来决定的，而对于姓氏以R这么靠后字母开头的人来说，能不同于以往作为第一个发言让我松了口气。我首先给大家看了一张为核糖体工作做出贡献的所有实验室人员的合影，几乎全员当时都坐在观众席中。我指出，发现tRNA的保罗·赞梅尼克（Paul Zamecnik）和马隆·霍格兰（Mahlon Hoagland）在前几个月相继去世，并向听众们展示了吉姆·沃森谈论早期核糖体研究工作的一段视频。在具体描述了我们团队对核糖体结构的研究及对其解码

图19.2　作者、汤姆·斯泰兹、艾达·尤纳斯在诺贝尔奖讲座，左侧的是主持人，贡纳尔·冯·海涅

的认知之后，我以马丁和丽贝卡共同制作的核糖体在解码过程中的小动画电影作为结尾。

　　他们两个将我们用各种状态的结构快照做成形象的电影，通过在这些帧之间插入核糖体和 tRNA 的运动来组成了一部实际的动画电影。然后，参考马丁以前在耶鲁读书时为汤姆干活的情景，马丁和丽贝卡决定给这个动画电影加上对应的背景音乐。与马丁之前在汤姆团队使用的古典音乐不同，他们这次决定使用歌词与动画情节相呼应的摇滚歌曲。例如，当 tRNA 采样密码子可能保持结合也可能解离时，The Clash 乐队的米克·琼斯（Mick Jones）会唱"我该留下还是离开"。又或者当核糖体的碱基与 tRNA 以及密码子之间的碱基对的凹槽相互作用时，麦当娜会唱"进入沟槽"。当 tRNA 最终进入肽基转移酶中心传递氨基酸时，这部小电影以皇后乐队高唱振奋人心的那句"我们是世界冠军"结束。这部片子里绝大多数的歌曲和乐队我从没有听到过，但是这部动画电影大受欢迎。以至于接下来的几年中，人们在我演讲后找到我，不问及工作，而是问这部电影是否可以下载。

　　我现在可以放轻松地听汤姆和艾达的演讲了。从核糖体路演这么多年以来，我对他们的演讲可以说了如指掌，以至于汤姆和我曾经开玩笑说我们完全可以为对方作演讲，但有时也会出现一些新的和出乎意料的事情。汤姆的演讲生动优美，主要关注点在于他们如何解决 50S 亚基问题、肽基转移酶反应以及与 50S 亚基结合的各种抗生素。他也播放了马丁制作的关于肽键如何形成的动画电影。演讲中，他展示了一张彼得抓到一条大鱼的照片，说核糖体也是一条大鱼。作为汤姆邀请的宾客和合作者，彼得坐在观众席上，我再次感到有些内疚，多亏他，我的导师带我进了核糖体研究这个领域，但他却没有分享到这项工作的功劳。

最后，艾达发表讲话。她的演讲标题很别致，叫"北极熊，抗生素和进化中的核糖体"。我没搞懂为什么北极熊是标题的一部分，但很快就明白了。她说，在一次事故后住院期间，她碰巧读到一本杂志说，冬眠的北极熊将它们的核糖体组成晶体阵列，这是最初她要做核糖体结晶的灵感来源。她说，既然北极熊能做到，我们为什么不能在实验室里试试呢？然后，她继续讨论核糖体晶体学的早期发展，展示了他们团队在尝试对晶体进行快速冷却时，在射线束上工作的霍康·霍普的照片，并对其30S和50S结构以及抗生素的作用进行了后续解说。她显然已经有了作为诺贝尔奖得主的自觉，她的演讲更是以她对第一个氨基酸和生命起源这些宏大问题的猜测作为结语。

当她的演讲结束时，我有些困惑，因为在核糖体领域工作了这么多年，我和所有其他我认识的同僚从未听说过北极熊核糖体。伊丽莎白·彭尼斯在1999年刊登在《科学》杂志上的核糖体文章中也没有提过这一点，而她本人则专门和艾达就柏林的结晶工作是如何开始的作出过详细讨论。

我在1978年加入彼得的实验室，大约在同一时间，艾达在柏林的维特曼开始她的工作，反正到了那个时候，核糖体可以形成有序阵列这件事已经在业界众所周知。1977年，在我前往耶鲁大学彼得实验室面试途中，我在华盛顿特区甚至听过奈杰尔·安文关于他在蜥蜴核糖体的二维晶体上工作成果的演讲。

　　我并没有深入想下去。直到回家几周后，我收到了唐·恩格尔曼的电邮，他告诉我北极熊不会冬眠。事实上，只有怀了孕的雌性会待在巢穴生崽，但是即便在那种情境下，它们也不在真正的冬眠状态中。第二年夏天，在埃里切的一次会议上北极熊的故事又被提及。当艾达重提这个故事的时候，汤姆指出北极熊并不冬眠。这直接导致了两人之间的争执，最后以艾达打圆场说有可能是另一种熊结束。听众中的一些人似乎很喜欢北极熊的故事，对汤姆提出质疑并不高兴。在好奇心的驱使下，我搜遍了源自任何种类的熊的有关有序核糖体阵列的文献，但一无所获。尽管汤姆质疑其前提，但多年来艾达常常重复这个故事，而且观众似乎也喜欢听。无论如何，北极熊故事的出处至今仍然是个谜。我禁不住脑补想象一些无畏的生物化学家爬进雪里的巢穴，试图从在幼崽边上休息的母熊身上提取细胞组织。

　　这周的活动之一是一个BBC电视节目，叫"诺贝尔头脑"的小组讨论。主持人简短地谈到了我们的工作，转而则采访了我们关于奥巴马得和平奖、全球气候变化和各种各样其他的问题。这次经历让我瞥见了自己作为诺贝尔奖得主的未来，不但被视若贤能，还被要求对完全超出自己专业范畴的话题直抒己见。

　　颁奖典礼总是在每年12月10日当天，即诺贝尔逝世的周年纪念日举行。我们都穿着燕尾服或长裙等着排成队列依次上台。我在后台焦急地等着，因为我儿媳梅利莎从美国出发还没到达。最后当队列被人领进大礼堂时，我看到梅利莎在大门还有几分钟就要关上的当口进来了，我不由得舒了口气，彼此相视一笑。王室成员们到了，瑞典语的演讲开始了，中间穿插着斯德哥尔摩爱乐乐团的演奏。我们从国王手里领取证书和奖章，鞠躬，然后回到座位上。国王因为每年都重复着同样的套路，自然看起来很无聊。

整晚的高潮是诺贝尔奖晚宴，奇怪的是，整个宴会在瑞典范围内全程电视转播和网络现场直播。我原以为花一整夜看一群陌生人吃饭没有什么戏剧性，但其实安排有演讲和娱乐节目。我们每个人都在大厅中央的长桌旁有一个相对应的荣誉位置。在其他先前已经就位的宾客们观摩下，我们将携一位陪伴从大楼梯向下走入场，并坐到我们各自分配到的位置。薇拉在我右边隔着几个位子的地方就座，她的陪伴是德国副总理。艾达在国王的陪同下领着队伍入场，随后是王后以及诺贝尔基金会负责人。我紧跟其后，我的陪伴是瑞典的公主王储维多利亚。她显然是媒体的最爱，因而当我们走进大厅时，摄像机刺眼的闪光灯亮个不停令人目眩，我几乎看不清下楼梯的路。最后坐下来的时候，我左边是艾达，右边是公主。公主的另一边是汤姆。原来她曾经在耶鲁待过一段时间，汤姆和我就与她聊起这个。但是和公主交谈并不像和艾达那么不费吹灰之力，我和艾达有更多共同之处，而且她说话总是带着风趣和幽默感。

有些演奏着文艺复兴风格的音乐和穿古装的现场娱乐表演特别棒。在晚餐快要结束时，每个类别的获奖者都会选一个代表上场作简短的讲话。按照传统，汤姆和我请我们中间最年长的艾达代表我们发言。

除了在开始时描述核糖体研究的挑战外，她还提到了在以色列卷发意味着她头上充满了核糖体，以及给她启发的北极熊现在如何受到全球气候变化的威胁。最后她对自己的司机这一周来的关照表示感谢，但没有提及汤姆和我。

晚饭后，当我们站起身时，我笨拙地踩到了公主的精致长裙的裙边。就在我们准备走的时候，她只用手驾轻就熟地轻轻一抽就将裙边被踩住的部分从我的脚底拉了出来。而后我们向各皇室成员道别，各组别的获奖者依次与他们合影留念。宴会继续，跳舞，闲逛，聊天。这个夜晚在斯德哥尔摩大学的会后活动一直持续到深夜。第二天早上，几家报纸刊登了汤姆和我在晚宴上坐在公主两边的头版照片。看到媒体对于"核糖体的根本重要性"已经了解至此让我十分欣慰。

薇拉和其他客人在一天后离开了。我没去斯德哥尔摩大学组织的最后一个宴会，因为我已经有了一个更好的去处：我在乌普萨拉大学当地演讲后，曼斯·埃伦伯格邀请我和许多研究核糖体的业界同僚在他乌普萨拉的家中共进晚餐。经过一整周的各种正式场合后，我终于可以与安德斯·利亚斯这样的几个老友，我曾经的博士后现在当地做教授的玛丽亚·塞尔默，一起放松一下。然后，第二天我在瑞典南部的隆德大学演讲之后，这一切戛然而止。

第 20 章
科学继续前行

在斯德哥尔摩备受瞩目后，回到剑桥黑暗的冬天，膨胀之后突然而至的降压给我当头浇了一盆冷水。雪上加霜的是，我记得很多年前，安德斯·利亚斯告诉过我，诺贝尔奖是死亡之吻，因为随之而来的各种纷扰会扼杀诺贝尔奖得主们的研究工作 —— 换句话说，他们亲手摧毁了让他们举世闻名的根本。但是在斯德哥尔摩，贡纳尔·冯·海涅给了我一些有用的建议。他说，生活的走向完全由我自己决定，如果我想继续做科学研究，效仿洛克菲勒大学的结构生物学家罗德·麦金农（Rod MacKinnon）应该差不到哪儿去。我很了解罗德，他是一位高度专注的科学家，他没有让得奖拖慢他的脚步，拒绝随得奖而纷至沓来的各式邀请，依然不断地取得重大的进展。我下定决心要证明安德斯的预言是错的，所以罗德成了我的榜样。

我们的首要任务是继续制作更多核糖体小动画的帧幅。但是，剩下的中间状态变得越来越难于捕获，制得良好的晶体就更难上加难。尽管我们偶尔会成功，但我发现要说服有才华的人来逐步补完已经完成到七七八八的电影中缺失的帧幅变得越来越困难，尤其是在完全无法保证他们数年努力后就能获得成功的情况下。

　　我没有预想到的是，自马克斯·佩鲁茨和约翰·肯德鲁第一次得以一窥蛋白质后大约50年以来，我们现在有了一种新的方法可以将大型生物分子的原子细节可视化而无须使其结晶。当1995年约阿希姆·弗兰克在维多利亚那次宿命般的会议上展示核糖体图谱时，大家都震动了，但是我们谁也没有想到电子显微镜有朝一日能够提供推理核糖体原子结构所需的那种精密的细节。大家已将它归于液滴生物学——乍一看很好，但也就仅此而已。果然，几年后就是靠着晶体学完全解决了核糖体结构的问题。

　　但是，在维多利亚会议的同一年，为LMB聘用了我的理查德·亨德森发表了非常出色的科研成果。电子具有合适的波长，物理学家和冶金学家数十年来早已用电子显微镜来学习掌握原子结构。但是从当时的电子显微镜中是无法获得高分辨率的生物分子结构的，因为对比度不足，而且如果为了获取信号而用足够多的电子撞击生物分子，最终会造成对分子结构的破坏。经过理查德的计算，尽管有这样那样的限制，如果显微镜和探测器同时被改良，则应该有可能通过使用该方法来获得原子结构——而且根本不涉及使用任何晶体。

　　从1995年开始研究到最终实现花了很长时间，但这些年来，首先显微镜得到了改进，然后有几个研究小组研制出了比传统胶片更快、更灵敏的新型探测器。其中一种新的探测器是由理查德和他的合作团队开发的，并于2011年安装到LMB的显微镜系统中。包括我同事肖斯·希赫斯（Sjors Scheres）在内的几个人又参与开发了利用这些探测器采集数据的软件。

最终，我们现在能获取与结晶图一样好的图谱。我们将这门新技术用于那些已拖延多年的各种项目。最神奇的是不再需要结晶，这就省去了好几年充满不确定性的工作。另外，运用这门技术只要求少量的原材料，还有极其重要的一点，样品不必是绝对纯净的。研究破解核糖体结构，甚至是异常复杂的结构，转眼之间变得如此简单，以至于任何人想进入该领域都易如反掌。长期以来，运用晶体学来构造线粒体核糖体的结构被认为是不可能的任务，但现在在两个不同的场合，内纳德·班的科研小组和我的团队仅隔一天就各自发布了该结构的成果。

这项技术不仅改变了核糖体领域。以前由于寿命短或难以大量获取或以多种构型存在而看似无解的各种生物复合物，现在不需要任何晶体，就能用达到原子尺度的解析度来解决。此外，现在有可能直接看到存在于细胞中的分子，从而以前所未有的细节展示这些组织构成。我们正经历着一场可视化分子生物学的新革命，几乎每周都有令人兴奋的新结构报告。

回想起通过晶体学第一次获取核糖体结构的漫漫长路，今天几乎具有讽刺意味的是，从头到尾获取结构只需要一两周的时间。现在，该领域充斥着各种不同状态的新型核糖体结构，可以想象期刊编辑们在收到手稿后的抱怨，"YARS[1]，又是一篇关于核糖体结构的文章"。

当最初的晶体结构于1999年在哥本哈根示人时，很多业界同僚

---

1. YARS，yet another ribosome structure，又是一篇关于核糖体结构的文章的缩写。

担心这表示他们的领域已经接近尾声。但他们只猜中了一半。彼时许多生物化学家一直在努力寻找核糖体的哪些部分与其他部分距离接近，以期能间接地拼凑出其完整结构。一旦原子结构被完全解决了，这些人就必须换课题找其他的研究方向，这就和之前科学家们试图解决孤立的核糖体碎片结构的心路历程是一样的。但是那些使用生化方法研究核糖体如何运作的人发现他们的工作内容起了变化，因为对结构的掌握意味着核糖体对人类而言已不再是一个"黑匣子"。现在遗传学家和生物化学家可以随意修改核糖体，并以惊人的准确度阐释其对应的功能变化，因为他们能确切知道结构中的位置变化。令人欣慰的是，我们在将核糖体研究提升到一个新高度的过程中做出了一些贡献，因而更复杂精细的问题才有可能被提出来。

结构是一个分子特定状态下的静态快照。因此，我们试图制作的所谓行动中的核糖体动画电影实际上就是不同状态下分子静态照的集合。静态照只能提示该核糖体从一种状态转变为另一种，而对于转换所用的时间要多久，或者静止图像之间是否存在我们无法捕获的中间过渡状态，我们都一无所知。

将单分子物理学应用于核糖体研究已成为学习这些转换的一种激动人心的新方法。有两种方法可以用。其中之一是将荧光分子附着到核糖体或tRNA的不同部分。通过使用"荧光共振能量转移法（FRET）"的技术来测量所得的荧光，这样就能测出荧光分子间的相对运动。加上已知的结构测量结果，使用该方法可将荧光分子附着到核糖体上各个精确的位点，然后核糖体的哪些部分在哪个阶段移动以及移动的频率和速率都能被探测到了。

　　该方法在核糖体单分子研究上的应用推广是由乔迪·普格里西（Jody Puglisi）开创的，他那时正与斯坦福大学的同事朱棣文（1997年诺贝尔物理学奖得主）合作。我已经从各种会议上和乔迪熟悉了。他是一个外表俊朗的人，令我不禁想起20世纪二三十年代的意大利电影明星。他带着一种讽刺的幽默感，常坐在演讲厅的后排，看上去似乎并没有在仔细听，但是最后他会举手，问一个暴露演讲者论点中最薄弱环节的"杀手级"的问题。他当时一直在研究与核糖体结合的核糖体RNA和小蛋白的片段，但是自从核糖体结构问题基本解析之后，他很快意识到自己需要改变科研方向了。

　　自那时起，他开始与朱棣文合作，将单分子物理学应用于核糖体研究。就在2000年解决了30S结构后，我去斯坦福大学作演讲时就听闻了他们的工作。访问美国大学并进行演讲跟求职面试有异曲同工之处。一到目的地，工作人员会提供一张日程表，演讲通常安排在最后，之前则是和清单上的各个教授会面。与不同领域的科学家们交谈并了解他们的工作非常有意思，而在长途跋涉又带着时差的时候，这种日子就变得异常折磨人。我不认识朱棣文也不知道他对生物学感兴趣，所以当发现我的日程安排上有这位著名的物理学家时我吃了一惊。我快速在网上搜索了一番，发现了他在RNA折叠方面做的一些工作。当现在已是FRET方法的行业领头人而彼时还是乔迪的研究生的斯科特·布兰查德（Scott Blanchard）带路领我到他的办公室时，朱棣文显然已经忘记了和我见面的事情。他面无表情地跟我打了招呼，叫我在他办公室里坐下，问我想谈些什么话题。我感到有些蹊跷，但是提及我对RNA感兴趣，也许他可以和我谈谈他在RNA折叠方面的工作。他停了下来，看着我，说道："我就开门见山地说了。您是来丹·赫施拉格（Dan Herschlag）的研究小组接受博士后面试的，对吗？"他的同事丹是从事RNA研究的物理化学家。我不知道我是否该为他认为我模样年轻到可以当博士后（也或者他觉得我的事业进度比较慢也不一定）而感到高兴，还是该对他既没听说过我们的30 S结构也根本不认识我而感到有点受侮辱！这是我人生中少有的几次场合之一，让我既感到高兴又同时感到自卑。

无论如何，乔迪和朱棣文与斯科特·布兰查德以及后来的鲁宾·冈萨雷斯（Ruben Gonzalez）等学生合作，率先使用了FRET来研究核糖体功能。现在，这种方法对我们详细剖析何时因子到达和离开，何时核糖体会移动以及哪些步骤快速或缓慢起到重要作用。

第二种物理方法就更加奇妙了。物理学家已经懂得如何在一个场中劫获单个分子并对其施加作用力。通过这种方法，他们实际上可以做诸如拉动mRNA或新生链并测量从一个密码子转移到另一个时核糖体所施加的力之类的事情。该领域的领导者之一是伯克利的卡洛斯·布斯塔曼特（Carlos Bustamante），他与同事纳乔·蒂诺科（最近不幸去世）和哈里·诺勒携手合作，将各自互补的专业知识完美地结合在一起形成了强大业界的组合。

因此，在新旧方法的结合使用下，分子结构能被用以了解核糖体如何作为分子机器发挥作用。但是除此之外还有很多的未解难题。有时细胞需要生产大量的某种特定蛋白质，有时细胞需要完全关闭生产。在任何给定时间内，核糖体实际上在细胞内干什么，而细胞又如何控制核糖体的行动？

有人在很久以前就开始考虑试图攻克这个难题的新方法了，当琼·斯泰兹研究显示，如果用核糖核酸酶（一种能降解RNA的酶）慢慢"啃食"掉所有能啃食的mRNA，剩下的就是被核糖体保护的无法被降解的片段。这种受保护的mRNA片段显然就在核糖体所处的位置上。当琼在1969年首先发现这点时，因为其他科研手段的匮乏，几乎就没有什么后续的研究可做。但是在近30年后，琼的发现被以一种革命性的新方式加以深入拓展。乔纳森·魏斯曼（Jonathan Weissman）从两个方面来说都是"科二代"——他的父母都在耶鲁大学任教，后来，他的母亲麦纳（Myrna）（后来又成了哥伦比亚大学的教授）与马歇尔·尼伦伯格（Marshall Nirenberg）结婚，后者更是帮助破解了遗传密码。总而言之，有一次乔纳森告诉我，他还是学生的时候曾在彼得·摩尔的实验室做过一个项目。可见从很小的时候起，他就整天泡在分子生物学的世界里了。

乔纳森认为，运用新的测序技术，可以帮助"打开"细胞，"蚕食"RNA，然后获取细胞中由不同核糖体保护的mRNA片段，对其进行放大测序。这样就能获得在特定时刻每个核糖体在每个mRNA的每个区域上正在做什么的快照。这项被称为"核糖体剖析"的技术，引领了各种各样出乎意料的科研新发现。研究者们能观察到核糖体在某段mRNA上减速的地方，堆积的地方以及核糖体数低于预期的地方。此外在细胞生命周期的不同阶段，哪些mRNA被翻译多了，哪些被翻译少了，这些都能被观测到。突然之间，类似于细胞在特定时间内会制造什么样的蛋白质，甚至产量有多少等重要的有关细节难题都被提出来了。该方法对了解核糖体如何为细胞所用以及在哪里会出现问题产生了巨大而深远的影响。

　　在这个基础上，还有一些问题，比如细胞如何调节核糖体以及病毒如何劫持核糖体用来翻译病毒自身的基因。一旦错误发生，细胞也能发展出一套成熟精密的方法来阻止整个过程 —— 细胞中有许多"品质管控"的程序在运行着，这些程序都会以这样或那样的方式涉及核糖体。如今，对翻译过程的控制涉及生物学从癌症到记忆机制等的各种过程的方方面面。有证据表明，至少某些控制是由某些特殊核糖体引发的，这实在是有点讽刺，因为核糖体最早被结晶时的首要假设是所有的核糖体都是完全相同毫无二致的。最后，科学家们正使用最新最有力的实验工具来了解核糖体是如何从细胞的组成部分组装起来的以及如何调节这种组装过程。

　　一段时间以来，核糖体被认为是一种特殊的历史遗留物，它在从早期的 RNA 世界到现代由蛋白质主宰的世界过渡中幸存下来。然而震惊所有人的实情是，人们在最近 20 年中发现细胞内存在许许多多 RNA 分子，它们的存在机理从未被探究过，至今成谜。这其中，有些是被称为 microRNA 的非常小的 RNA 分子，它们控制着基因表达的开启和关闭。有时它们会作用于 mRNA，从而让核糖体无法适当地启动 mRNA。在其他时候，它们可能导致 mRNA 被快速降解。有时，它们通过影响从 DNA 生产的 mRNA 数量来直接控制某个基因的表达。还有些更长的 RNA 分子根本不编码蛋白质，而且至少它们中的一部分被认为也能控制基因。因此，RNA 的世界从未真正消失过，它只是演变成了一个 RNA 与蛋白质合作共同来执行生命基本过程的新世界。由于 RNA 的这些新的和完全出乎意料的类型和用途，RNA 生物学领域工作有了爆发式的进展。

科学发现的轨迹总是类似的，核糖体的结构问题不过是将焦点转移到了下一个层面。当我们心中有一个明确的目标，我们以为正在努力登顶。但是，科学没有顶峰。当我们到了既定目标时，才意识到我们只不过翻过了一个小山丘，前方还有无穷尽的山峰等着我们去攀登。

尾声

尽管我下定决心要专注于学术，但获奖后的生活就是变了，而且并不总往好的方向变化。一夜之间，我被整个世界发现了。我受邀出现在广播和电视上，被要求对任何和科学沾一点边的题目甚至关于世界的未来进行评论。我被要求在与我自己的研究领域几乎无交集的各种会议上进行演讲。许多大学都想向我提供荣誉学位（除了我曾经学习或工作过的巴罗达大学、犹他大学和剑桥，所有其他的我都回绝了），各种高端学会和学院也突然开始选我为荣誉会员。

尽管我向印度媒体发表评论说国籍是出生的偶然事件，他们不应该再来骚扰我，但印度政府还是决定向我授予他们最高的平民奖项之一。我不是民族和爱国主义自豪感的忠实拥护者（在我看来，这只是种族主义和排外心理的另一面），我一般也不喜欢认同政治。我长大成人后，我崇尚的个人英雄有一些是印度人，例如数学家斯里尼瓦萨·拉马努扬（Srinivasa Ramanujan）或天体物理学家苏布拉曼扬·钱德拉塞卡（Subrahmanyan Chandrasekhar），但其中大多数人来自完全不同的背景，比如来自纽约皇后区的犹太人理查德·费曼和在法国工作的波兰人玛丽·居里。虽然我从没有亲自见过他们中的任何一个人，这对我来说也没关系；光是阅读关于他们生活和工作的书籍我就能从中获得启发。我不确定自恋地与他们中任何一个来个自拍是否会给我提供更好的灵感。但是我也可以理解，为什么我在无意间变成了印度人民灵感和希望的源泉：仅仅因为我在印度长大，就读于当地的地方大学，然后也在国际社会上获得了成功，这说明即使一个人没有西方的精英背景出身也能做得很好。

不久之后，在2011年，英国决定授予我对外国人设立的荣誉骑士勋章，但是当他们发现我已经于那年1月份成为英国公民时，转而决定授予我他们眼中更有分量的"实质性"版本。LMB的许多伟大科学家都拒绝了骑士勋章，我也对接受骑士勋章感到矛盾。但是，薇拉说，在英国土生土长的本国人拒绝是一回事，但是，作为外来客的我如果拒绝此等荣耀的话，这就让英国政府难堪了，会让人觉得粗野无礼。此外，即便在2011年，我也开始看到公众中有部分人正发展出一种反移民和排外的心态。因此，我认为，表明移民来到英国，为国家带来荣誉，并感恩地接受英国授予的荣誉是个好的处理方法。

最令人想不到的荣誉或许是我当选为皇家学会的主席，该学会是世界上最古老的科学组织之一。在我成为英国公民很久以前，在2003年，我一达到英国移民的居住要求，他们就立即把我选为学会院士，但是成为皇家学会的主席却完全是另一回事了。事实上，这意味着我将成为英国科学界的领军人物。当我被问及是否对该职位感兴趣时，我感到非常讶异，因为我很晚才搬到英国生活，并且我在英国所有的时间都是在LMB度过的。我自知不是一个有庞大社交关系的社交达人，也从没有领导过任何重要的大型组织。实际上，我连做主流委员会主席的经验都没有。

况且，自从当选为院士以来，我与学会几乎没有任何交集。我觉得选择我是一个奇怪的决定，而且可以肯定我与几位近期的前任主席都非常不同。

对这个职位，我不知道该怎么想。一想到在过去的350年中，像牛顿和卢瑟福这样伟大的科学家都坐过这个位置，就让人很难拒绝。这也似乎是对我的一种新的与以往不同的挑战。最终，我告知了学会的副总们我的种种缺点，并说在知情的情况下，如果他们仍然坚持要我当主席，我会竭尽全力。他们和管事的机构（理事会）选择无视我的警告，把我举荐上了选举，而且选票上只有一个名字。

当然，在核糖体研究取得重大突破之后的许多年里，没有人对以这些方式表彰我所做出的成果有丝毫兴趣。如果我没有赢得名叫诺贝尔奖的"彩票"，没有人会想到我。因此，这些荣誉都只是在获得奖项后的附加奖励，这使我想起了马太福音第13章第12节的金句："凡是他已经拥有的，还应赐给他，他将有更多的财物；但凡他没有的，应把他已有的也拿走。"

汤姆·斯泰兹也发现自己的生活充满了邀约和分心。其中，他在威斯康星的母校有一栋以他的名字命名的建筑物。有一年他连续去了4趟中国，这些旅程似乎把他搞得筋疲力尽。我告诉他完全可以拒绝。他的实验室继续在正统的研究领域不断刊出引人注目的文章，其中包括许多关于核糖体的论文，有一些论文解决了他与艾达有关抗生素的争议性问题，结果明确对他有利。

作为唯一一位在世获得诺贝尔化学奖的女性（截至作者写作的 2017年），艾达的演讲需求量很大，她的大部分时间都花在全世界旅行上。她获得了许多荣誉和奖项，包括牛津和剑桥大学的荣誉学位。有一次我拜访魏兹曼学院的时候，我在她的办公室里发现了一整面铺满了各种荣誉学位和奖章的墙。尽管我已经仔细安排好了和她会面的日子，但两次吃晚饭的邀约她都失约了。她说，她的生活实在太忙了，她那时正在做出国的准备。

艾达在获奖后的一个大胆举动，是说（以色列）应释放所有的巴勒斯坦政治犯。这番言论使她受到许多来自以色列右翼民族主义者的批判。她通过电邮把我介绍给了她朋友，犹太复国和平主义者乌里·阿夫纳里（Uri Avnery），此后，我大约每周都会收到一篇有关以色列政治的敏锐机智的文章。在我知道了她的心思和倾向后，我提议我俩一起在西岸的几个大学和东耶路撒冷的圣城大学做一些讲座。尽管艾达对巴勒斯坦人的处境表示同情，但巴勒斯坦还是否决了我们共同讲座这个提议，声称由于她作为以色列学者的职业原因，巴勒斯坦人不得不抵制她来做讲座。所以最终成行的时候，我只能孤身前往。吊诡的是，我的整个行程是由在格勒诺布尔工作的犹太科学家乔·扎卡伊（Joe Zaccai）安排的，他正在拉马拉附近的比尔泽特（Birzeit）大学教授一个短期课程，由此可见巴勒斯坦人的反对显然不针对所有犹太人，而只是针对以色列人的。以色列和西岸的这次访问令我感到悲观，我认为可能永远也不会出现解决以巴问题的方案。

那些没有被诺贝尔奖垂青的人又怎么样了呢？如果我的导师彼得·摩尔有对他在核糖体研究方面的工作没有被大多数学术奖项青

眯而感到丁点失望的话，他完全没有表现出来。相反，他似乎很高兴看到对核糖体结构的研究是在耶鲁最先出现的。他70岁那年就把他的实验室关了，决定专注于漫散射这个深奥的问题。这些在晶体布拉格反射之间散射的X射线中包含了有关正在移动的分子的部分信息。这属于一类棘手且不"时髦"的问题，只有少数人会在乎，又有足够的能力去理解它。彼得从来都不是那种与流行的竞争激烈的问题做斗争的人，我猜测，一个充满挑战、能使他可以不受打扰思考的问题，非常适合他。

帮助我们最初窥探到核糖体的许多状态的约阿希姆·弗兰克（没得奖）也一定感到失望，虽然他在十月份非常大度地对我表示了祝贺。好在他只需要多等几年，一旦电子显微镜达到能探测原子结构的分辨率，这就从"液滴生物学"进入到了结构化学的范畴。在我撰写本文时，就在2017年秋天，约阿希姆·弗兰克、理查德·亨德森以及雅克·杜伯谢特共同获得了诺贝尔化学奖，他们弄清楚了如何将生物样品浸入液体乙烷中，以便研究它们在低温下呈玻璃化状态。

所有相关的诺贝尔奖得主在获奖后都没有听到哈里的消息，但就像之前的几十年一样他仍一直不断地继续研究核糖体。作为对汽车和摩托车感兴趣的人，核糖体类似"引擎"的那方面一直让他着迷，他随后的许多工作都涉及试图理解核糖体如何在mRNA移动。他的个人生活也出现了幸福的拐点。在原子结构研究有所突破的那段时间里，他和他当时的研究生劳拉·兰开斯特（Laura Lancaster）开始了一段恋情。几年后，他们结婚了，并一起合作继续研究。哈里的许多崇拜者对他被排除在诺贝尔奖之外感到愤怒，并决心做出补偿。2016年，他的工作得了突破奖。他的奖金是核糖体研究的诺奖得主共享后所得现金价值的8倍，他自然可以一路笑到银行，或者，笑到法拉利经销店。

马拉特和古纳拉回到了斯特拉斯堡，打那以后他们就一直活跃在核糖体领域。通过攻克完整真核核糖体的首个高分辨率结构的难题，马拉特毫无疑问地证明了他不是骆驼。诺贝尔奖颁奖后的几年，他、古纳拉以及哈里分享了瑞典科学院颁发的格雷戈里·阿米诺夫（Gregori Aminoff）晶体学奖。吊诡的是，杰米·凯特不仅将晶体学的专业知识带给了圣克鲁斯研究组，而且他将六亚甲基四胺锇与I组内含子结构一起使用的做法一直是获得核糖体结构相位的关键，但这些贡献一直不为人所知。令人感到不解的是，他至今仍未被选为美国国家科学院院士，而我们这些从他的各种想法和创意中得益的人们却得到了更大的认可。

现在ETH苏黎世的内纳德·班和回到奥胡斯的波尔·尼森事业非常成功，并且变成了他们这一代结构生物学家中的领军人物。波尔转到了一个全新的研究领域，学习离子是如何被泵运穿过细胞膜的，而内纳德则继续从事一些最重要的有关核糖体结构方面的工作，和杰米一样，因为担心相似研究方向的成果会被他捷足先登，他也算是让我的实验室"做噩梦"的人之一。

在我实验室团队最初的30 S小组中，比尔在加州理工，迪特列夫回到了奥胡斯，安德鲁在UCSF做了很长一段时间的博士后之后回到了LMB。他们在各自的研究领域中都非常成功。罗伯继续深造获得了博士学位，然后在工业界就职。詹姆斯·奥格尔不再做科研，而去涉猎知识产权法。在研究了核糖体如何帮助tRNA识别正确的密码子之后，也许他觉得其他任何课题都可能是雕虫小技。他还是一位有天赋的小提琴家，并专门花时间搞音乐。布赖恩讨厌把所有的时间都花在教书、管人和申请研究经费上。在汤姆和彼得创立的抗生素公司工作了很长一段时间后（具有讽刺意味的是，他与艾达的前同事弗朗索瓦·弗朗西斯共事了一段时间并成为好朋友），现在他在科罗拉多大学丹佛分校做研究。他最近在我的LMB实验室学术访问了一年，学习使用电子显微镜，尽管这让我们想起了以前的日子，但我们俩都老了很多，情况也不尽相同。

对于我们这几个最早做核糖体结构研究的小组领导来说，尽管我们中的许多人继续有科研成果产出，但我们没有再作出真正的新突破。充其量，我们所做的工作是重要的，但始终万变不离其宗，这在职业生涯后期的人们中是相当常见的。有时候，有些人确实在得奖之后转而开始做些全新的东西，但是通常这会使他们产生自恃为天才的幻觉，然后他们像唐·吉诃德一样试图去解决一些他们不擅长的"不可能"问题。

那些极少数在得奖之后做新的和非常重要的基础工作的人（还有更稀奇的绝无仅有的几个得第二次的），在他们第一次得诺贝尔奖时还非常年轻，有足够的时间和余力来开拓一个全新的方向。

核糖体结构的科研竞争引出了有关竞争与合作的普遍性问题。正如我之前提到的，当人们彼此了解并喜欢一起工作时，或者当他们带来互补的专业知识用来解决任何研究组都无法单独解决的问题时，协作能达到最佳效果。协作对于非常庞大的项目（例如人类基因组项目或寻找希格斯玻色子）来说至关重要，因为该项目可能涉及成百上千的人。今时今日，人们对合作的价值怀有巨大的意识形态上的热情，但事实是，科学家会根据自己的切身利益选择进行合作或者竞争。协作未必永远是好事，而竞争未必永远是坏事。在与多个人和多个实验室及其相关的官僚机构打交道和各种开销中，协作可能会停滞不前。另一方面，科学是一个想法和创意的市场，因此就像在商业中一样，竞争会促使人们更努力思考和工作，淘汰掉糟糕的想法以及没结果的死路，并加快科学研究的发展速度。因此，竞争对科学进步而言是有益的，但对科学家们而言并不那么好。与体育运动不同，竞争与合作之间的区别在科学上也不很明确：即使科学家们在相互竞争，他们实际上是在对方进步的基础上加以利用来使得自己也取得成绩，但这归根到底还是一种合作，尽管不是出于他们自愿的。

同样令人震惊的是，经过长时间的埋头苦干，几个小组将几乎同时在核糖体工作上取得进展。这种现象在科学和数学中常常发生，即便是那些我们认为特别伟大和深刻的发现也是如此。在几个世纪的努力后，牛顿和莱布尼兹同时发明了微积分。达尔文和华莱士关于物竞天择的进化论的发现是另一个这样的例子。薛定谔和海森伯提出的两种不同的量子力学的表述亦是如此。科学永远不会凭空出现。当某些想法和创意在空气中弥漫散布人人都感受得到的时候，当对某领域的理解和技术发展达到了这些想法有可能被证实或实现的时候，科学进步才会随之产生。当科学进步的时机来临时，一个或一群人碰巧比其他所有人都要早一点看到下一个可能的进展。就核糖体工作而言，同步加速器、现代X射线探测器、反常散射、强大的计算机和绘图软件，以及廉价而大量的储存信息的磁盘空间对于最后的成功都是必不可少、至关重要的，但是它们中没有任何一样技术或工具被发明出来的时候是为了核糖体研究的。

因此，我不赞成对科学的英雄主义式的叙述风格。反之，我们中的一些人只不过很幸运地成了无论如何都会出现的重要科学发现的媒介，有时假设不是我们这些人发现的话，这些研究成果最终出现也晚不到哪里去，但是这种冷酷的解析性的观点很难被我们情绪化的自我所接受。我们人类倾向于拟人化我们接触的一切。我们给理论、定理、发现、实验室甚至设备取名字。科学研究成为一出戏，其中有英雄和反派。因此，即使发现是不可避免的，我们仍认识到是由个人促使它们发生的，并且我们崇敬那些敢于第一个踏入未知领域的人，因为他们愿意去挑战，超越认知上可能的范畴。当像牛顿或爱因斯坦这样的人看得比其他人远得多的时候，或者沃森和克里克将可能散落出现的DNA的基本特征一次合成成功的时候，我们趋于将他们神化、图腾化。

回想我在经历了这么多错误的开始和进入死胡同之后，有了算是成功的职业生涯，这点至今仍令我惊讶。我职业开始的时候前途并不光明。我曾很多次几乎从边缘跌落而从科学界完全消失，只有通过改变方向或完全重新开始我才避免了这种命运。幸运的是，当我有需要时，能力和治学态度兼而有之的聪明人加入了实验室，各种朋友和同事也在一路上给予了我关键性的帮助。关于核糖体的故事有它自身的戏剧性，无论我们是否只是发现的媒介，让人感到兴奋的是，它发生时我在场。

致谢

　　如果没有以下两个人，这本书就无法得见天日：我的经纪人约翰·布罗克曼（John Brockman），他从我们第一次交谈时就对它充满热情，以及亚历克斯·甘恩（Alex Gann），他多年来一直鼓励我写这本书。我很感谢我的编辑们，在 Basic Books 出版社任职的凯莱赫（TJ Kelleher）和埃里克·亨利（Eric Henney）以及在 Oneworld 任职的山姆·卡特（Sam Carter），尽管我以前从未写过一本书，他们却给了我机会，耐心地给我的初稿提意见，并通过他们周全而深入的指导为我明确方向。

　　我感谢许多拨冗阅读本书早期版本的人，给了我有用的反馈和意见，并确认了很多重要事件的准确性：朱丽叶·卡特、克莱尔·克雷格、马克·唐纳利、亚历克斯·甘恩、史蒂夫·哈里森、格雷姆·米奇逊、彼得·摩尔、卡罗尔·罗宾逊、彼得·罗森塔尔、谭松（音译）和史蒂夫·怀特，以及我前实验室成员丽贝卡·沃希、罗莉·帕斯莫尔、布莱恩·温伯利和安德鲁·卡特。我特别感谢珍妮弗·杜德纳为此书写前言。我感谢保罗·马焦塔（Paul Margiotta）对图 2.1~2.5、图 3.1、图 3.2、图 3.4、图 14.2、图 14.5、图 17.1 和图 17.2 的帮助。加里布·默舒多夫（Garib Murshudov）提出了有关图 2.2 和图

7.1的建议，而克里希纳·苏布拉曼尼亚（Krishna Subramanian）指出了原始版本中一些图中的错误。

布里吉特·维特曼-利伯德（Brigitte Wittmann-Liebold）和已故的沃尔克·埃德曼告知了我很多柏林早期结晶工作的内容。乔尔·萨斯曼、霍肯·霍普和里莫尔·约书亚为我描述了魏兹曼研究所进行的低温晶体学的早期研究。玛丽亚·加伯向我详细介绍了俄罗斯普希金诺研究所结晶的初期工作。正如本书中所描述的那样，其他许多人为我澄清或证实了各种事实。我感谢他们所有人。

科学总的来说是协作而成的大厦，如果没有许多有才华和敬业的年轻科学家加入我的实验室，那么本书中我对核糖体故事的贡献就不会发生。此外，还有其他学生和博士后在我的实验室工作，尽管他们的研究不属于这个故事，但多年来对我的工作和职业同样重要。

最后，最重要的是，我要感谢我的妻子薇拉·罗森伯里，几十年来她一直是如此出色的伴侣和朋友。没有她给我生活带来的平衡，面对科学的起伏将会异常困难。很多次，由于我的志向，她非常乐意地连根拔起她已有的生活，与我一起搬家，首先是去到美国各地，最后到了英格兰。

注释和延伸阅读

在本书中，对于我自己很熟悉的人我都直接称呼名字，否则用了他们的姓氏，在第一次介绍时，或者在某些情况下是隔了很长一段文字后才重新提起时，我用了全名。主要的例外是第3章和第4章，如果沿用此规则，那么就只有少数几个我认识的人夹杂在一片姓氏的海洋里，并造成一些尴尬的姓名并置。

这是一本回忆录，是我参与确定核糖体结构的个人经历。它的许多方面都与竞争有关，比赛谁先第一个确定核糖体的原子结构。但是每个参加比赛的人都会以自己的方式体验比赛。所以这本书不是关于核糖体的竞争，而是关于我个人的竞争。它描述了我对核糖体故事的回忆，而我正处于这场竞争的核心。它无意成为该领域的历史，当然也不是学术论文。其中大部分是第一手资料。众所周知，记忆是容易出错的，因此写作中我借助了从20世纪90年代中期开始的大量的电子邮件往来记录。许多情节描述了公众事件。在大多数情况下，这些内容和其他内容已得到有关人员的确认，尤其是那些直接作为文本援引的情况。以下是一些我从他人那里得到的故事的一些注释。我还提供了一些关键论文和一些其他阅读建议。

第2章　马修·科布所著的《关于生命最伟大的秘密：破解基因密码的竞赛》[伦敦：阿歇特（Hachette），2015年]是有关DNA信息如何被编码为蛋白质这个过程最易读也是最彻底的解读之一。

悉尼·布伦纳对核糖体的评论引自W. B. Wood和秀丽隐杆线虫研究领域编辑的《线虫，秀丽隐杆线虫》（纽约州：冷泉港实验室出版社，1988年）；也出现在FHC Crick和S. Brenner所著的《医学研究委员会报告：关于分子遗传学部门（现为细胞生物学部门）的工作，1961—1971年》（英国剑桥：MRC分子生物学实验室，1971年）。

《科学美国人》中促使我写信给唐·恩格尔曼的文章是唐纳德·M.恩格曼和彼得·B.摩尔所著的《核糖体的中子散射研究》，《科学美国人》235期（1976年10月）：44-56。

第3章　《追逐分子》中讲述了在第18和19世纪发现分子的一个令人振奋的故事，作者是约翰·白金汉（英国凤凰城：萨顿出版社，2004年）。

劳伦斯·布拉格本人写了一本精彩而通俗易通的晶体学著作，《X射线晶体学》，《科学美国人》219期（1968年7月）：58-74。

亨利·阿姆斯特朗严厉责难的通信发表于1927年10月1日，《自然》第478页。

J·D.伯纳尔和多萝西·霍奇金的叙述来自两本出色的传记：安德鲁·布朗所著的《J. D. Bernal：科学贤哲》（英国牛津：牛津大学出版社，2005年）；和乔治吉娜·费里所著的《多萝西·霍奇金：一生》（纽约州冷泉港：冷泉港实验室出版社，1998年）。

马克斯·佩鲁茨撰写了两篇关于如何克服蛋白质晶体学相位问题的可读性很强的文章，一篇是《血红蛋白分子》，发表于《科学美国人》211期（1964年11月）：64-79，另一篇在www.nobelprize.org/nobel_prizes/chemistry/ laureates / 1962 / perspectives.html上。

第4章　膜蛋白结晶的问题被哈特穆特·米歇尔攻克，他使用特殊的去垢剂来溶解膜蛋白并结晶。由于解析第一个膜蛋白结构，他于1988

年与汉斯·戴森霍夫和罗伯特·胡伯共同获得了诺贝尔奖。

奈杰尔·安文的早期工作由他亲自向我讲述。他也是告诉我拜尔斯曾访问LMB的人。

我在本章中对柏林核糖体晶体学起源的描述是通过与布里吉特·维特曼-利伯德和沃尔克·埃德曼一系列电子邮件交流的结果。我还与埃德曼进行了一次长谈，将其写为笔记，经由他确认无误。最后，我还与努德·尼豪斯在他去世前几年交谈过，他是维特曼研究所的主要核糖体生物化学家之一。

帕拉迪事件是由韦恩·亨德里克森和其他人在一封通信中曝光的："号称缬氨酰tRNA的衍射图的真实身份"，《自然》303期（1983年5月19日）：195。帕拉迪的回应发表在下一页，整个事件在第197页有详细的讨论，包括他离开国王学院和最后去了柏林弗里大学的经历。在最近的一封电子邮件中，韦恩·亨德里克森完全支持他自己当时的分析。

鲍勃·弗莱特里克通过电子邮件告诉我他当时差点要去维特曼研究所从事核糖体研究，并且他从艾达·尤纳斯那里了解到，洪堡奖学金已转移给她。

有关艾达·尤纳斯早年生活的一些事实，可以在她的自传文章中找到：www.nobelprize.org/nobel_prizes/chemistry/laureates/2009/yonath-bio.html。

玛丽亚·加伯通过一系列电子邮件与我分享了俄罗斯的普希金诺研究所在核糖体结晶上努力的历史。马拉特·尤苏波夫和亚历克斯·斯皮林提供了更多信息。

| 第 6 章 | 有关哈里·诺勒早期职业生涯的详细信息，请参见他引人入胜的自传体文章，"拥有核糖体的人生"，《生物化学杂志》288（2013）：24872-24885；也可在线访问www.jbc.org/content/288/34/24872.short。 |

| 第 7 章 | 本章中对低温晶体学起源的描述是与霍克·霍普和乔尔·萨斯曼大量电子邮件通信的结果。他们和莱莫尔·约书亚-托尔都确认了最终的陈述。 |

| 第 8 章 | 艾达为维多利亚研讨会撰写的一章（F. Schlu- enzen, H. A. S. Hansen, J. Thygesen, W. S. Bennett, N. Volkmann, I. Levin, J. Harms, H. Bartels, A. Zaytzev-Bashan, Z. Berkovitch- Yellin, I. Sagi, F. Franceschi, S. Krumholz, M. Geva, S. Weinstein, I. Agmon, N. Boddeker, S. Morlang, R. Sharon, A. Dribin, E. Maltz, M. Peretz, V. Weinrich, and A. Yonath, "核糖体晶体学的里程碑：中等分辨率的初步电子密度图的构建"，《生物化学和细胞生物学》73 [1995]：739-749），其中的30 S晶体是描述为具有P42（1）2对称性，而不是我们和艾达后来证实的实际为P4（1）2（1）2的对称性。区别类似于沿着方形桌子的角排列的4个分子与沿着螺旋形阶梯排列的4个分子。

关于50 S亚基，3年后耶鲁小组发表其突破性论文时（N. Ban, B. Freeborn, P. Nissen, P. Penczek, R. A. Grassucci, R. Sweet, J. Frank, P. B. Moore and T. A. Steitz, "核糖体大亚基的9Å分辨率X射线晶体学密度图"，细胞 93 [1998]：1105-1115），他们说，"相反，我们的全X射线密度图与以前发表的H. marismortui大核糖体亚基的X射线图谱并不相同，其标称分辨率为7Å，此处描述的晶胞在单元格中的排列方式也与之前通过一个溶剂展平图推导的结果不同（Schluenzen et al., 1995）。 |

第 15 章　　克里克在如下视频采访中详细阐述了他对于诺贝尔奖就像中彩票的看法：www.webofstories.com/play/francis.crick / 75。

第 16 章　　"当你是Avis时，你必须加倍努力"是指汽车租赁公司Avis在20世纪60年代和20世纪70年代试图赶上赫兹的一次著名广告活动。可 以 在www.adweek.com/creativity/how-avis-brilliantly-pioneered-underdog-advertising-with-we-try-harder/中找到相关描述。

尾声　　彼得·柯林斯告诉我，马太福音第13章第12节与科学奖赏机制的相关性众所周知，这也是R.K.默顿发表的一篇文章的主题："马太效应对科学的影响：分析科学的奖赏和传播体系"《科学》159（1968）：56-63。

跋

  文奇·拉马克里希南的《基因机器》一书是关于一个重大的生物学发现，即所有细胞生命中皆有的核糖体结构与功能研究历程的个人回顾史，本书堪与DNA双螺旋发现者之一詹姆斯·沃森所著的《双螺旋》相媲美。五十多年前出版的《双螺旋》一书在美国可谓家喻户晓，是科学家撰写的最著名的科普书之一，占据英文世界畅销书榜经年不衰，至今热度仍然很高。期待《基因机器》也能像《双螺旋》一样，激发出菁菁学子对生命科学的热情和兴趣。

  我读《基因机器》，发现其中有两个主题在不断交换进行着，一个主题是文奇作为一个在印度一般大学物理学专业毕业的学生到美国求学、工作和生活二十多年的经历。他不仅比较顺利地得到俄亥俄大学物理系的博士学位，找到了工作，成家立业，而且在研究工作中来了一个大转行，从博士后开始进入核糖体的结构生物学领域。在强手如云的核糖体研究江湖中，克服了重重困难，从学术边缘地位脱颖而出，率先解析得到核糖体小亚基高分辨率晶体结构。后来经过不断努力又解析了整个核糖体的复合物原子结构，为理解核糖体的工作机理，特别是研发新一代基于核糖体的抗生素药物打下了坚实的基础。由于其工作的创新性及严谨性，最后文奇与其他两位老一辈核糖体研究者一起共享了2009年的诺贝尔化学奖。在数以百万计的第一代去美国留学、工作的各国精英中，取得如此巨大成就的学者是少有的。

　　作为蛋白质晶体学专业的小同行，我还可以强烈地感受到书中有一个副主题在随着时间而开展的紧张故事情节中，非常自然、深入浅出地不断显现出来，这就是在科学发现及技术解释的相关章节中，生动又不失精准地科普了X射线晶体学这样一门非常专业、比较难懂的应用物理学科（集中于第三和第七章，散见于其他相关章节），及其在核糖体晶体结构解析中的技术细节。X射线晶体学的发展从英国的布拉格父子开始，迄今已经有一百多年的历史了，最初的结构解析局限于食盐（氯化钠）及无机或者小的有机化合物这样的小分子，X射线晶体学在生物学中取得的最大成就，非DNA双螺旋结构的发现莫属。1953年，詹姆斯·沃森和弗朗西斯·克里克利用罗莎琳德·富兰克林测得的DNA纤维的X射线衍射图提供的数据，搭建了历史上第一个几乎完全准确的双螺旋结构模型，自此揭开了生物学发展的新篇章。20世纪60年代以来的50多年间，X射线晶体学一直是解析生物大分子复合物（蛋白质、核酸及其复合物）包括核糖体结构的唯一利器，直到十年前冷冻电镜强势登上结构生物学的舞台。目前利用冷冻电镜解析出的核糖体结构要比晶体结构多很多。这些技术发展细节在《基因机器》中都有详细、如实的阐述，因此，《基因机器》不但能够使大家了解生命过程中至关重要的大分子复合物核糖体的结构与功能机理，也介绍了结构生物学的基本脉络和发展历史，更是作者本人的研究过程及奋斗历程的真实记录，还是了解和学习结构生物学及其相关技术的启蒙教科书。

　　文奇非常勤奋,遍览群书,因此,《基因机器》写得文采飞扬、诙谐幽默。译者也非常好地把握和解释了相关的文学背景,是一本雅俗共赏的科普书及科学回忆录,里面充满了引人入胜的曲折故事情节,包括科学实验失败和竞争失意的沮丧,以及实验成功和发现科学新大陆的欢欣鼓舞。文奇及其实验室成员始终坚持明确的科研目标,文奇尤其身先士卒,不仅统揽全局,而且亲自操刀上阵,在开始仅有几个人(最后也只有十几个人)的实验室中,完成了大多数人认为几乎不可能的科学发现及成果,众望所归地赢得了核糖体结构与功能研究的诺贝尔桂冠。我本人从博士后工作以来一直关注核糖体结构的研究,并且与书中描写的多人认识或者熟识,作为晶体学小同行读起本书更加感到身临其境,感触良多。我特别希望将此书推荐给广大生命科学的同行,尤其是关心结构生物学以及核糖体结构与功能的读者和青年学生们。

　　　　苏晓东,亚洲晶体学会现任主席,中国晶体学会前任理事长
　　　　北京大学生命科学学院,长江特聘教授
　　　　2022年春于燕园

图书在版编目（CIP）数据

基因机器 / （英）文奇·拉马克里希南著；何其欣译.—长沙：湖南科学技术出版社，2022.7
书名原文：Gene Machine
（第一推动丛书．生命系列）
ISBN 978-7-5710-1034-8

Ⅰ.①基… Ⅱ.①文… ②何… Ⅲ.①基因工程—影响—研究 Ⅳ.① Q78

中国版本图书馆 CIP 数据核字（2021）第 124826 号

Gene Machine
Copyright © 2018 by Venki Ramakrishnan
All Rights Reserved

湖南科学技术出版社独家获得本书简体中文版出版发行权
著作权合同登记号：18-2016-265

JIYIN JIQI
基因机器

著者
[英]文奇·拉马克里希南

译者
何其欣

审校
苏晓东

出版人
潘晓山

策划编辑
吴炜　李蓓　孙桂均

责任编辑
吴炜

出版发行
湖南科学技术出版社

社址
长沙市芙蓉中路一段 416 号
泊富国际金融中心

网址
http://www.hnstp.com
湖南科学技术出版社

天猫旗舰店网址
http://hnkjcbs.tmall.com

邮购联系
本社直销科 0731-84375808

印刷
长沙鸿和印务有限公司

厂址
长沙市望城区普瑞西路858号

邮编
410200

版次
2022 年 7 月第 1 版

印次
2022 年 7 月第 1 次印刷

开本
880mm×1230mm　1/32

印张
9.25

字数
216 千字

书号
ISBN 978-7-5710-1034-8

定价
68.00 元